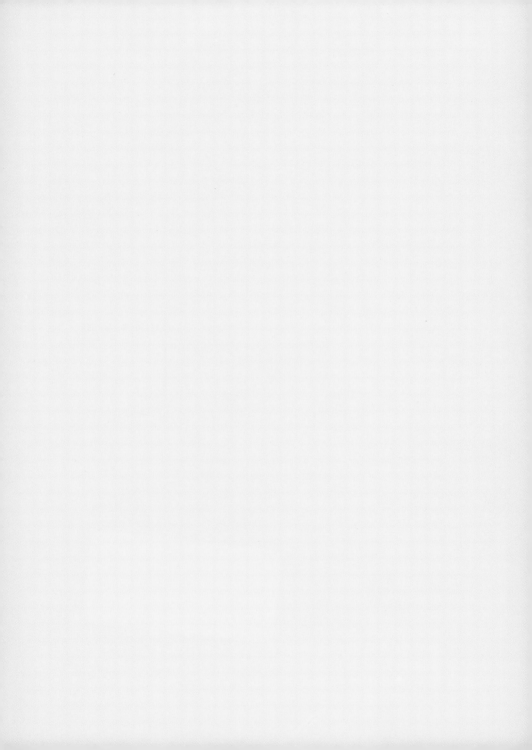

빛깔있는 책들 301-21

소나무

글, 사진/임경빈

대원사

임경빈 ─────────

수원 고등농림학교를 졸업하고 미국 미네소타대학교 대학원 이학석사, 서울대학교 대학원 농학박사 학위를 취득하였다. 서울대학교, 원광대학교 농과대학 교수로 재직하였으며 산림청 임업연구원 연구고문을 지냈고 현재는 수원 임목육종연구소에 재직중이다. 대한민국 과학상 대통령상을 수상한 바 있으며 여러 편의 저서와 논문이 있다.

소나무

소나무

소나무 숲 소나무는 맑은 공기, 수리 조절, 보건 휴양을 제공함은 물론 그 상징성으로 인해 인간의 정신적, 육체적 행동 규범에까지 영향을 미쳐 왔다. 강원도 삼척군 미로면 활기리 준경묘 부근.

생물학적 특성

명칭

'소나무'는 넓게 통용되고 있는 일반적인 이름이고 더러 솔, 참솔, 솔나무 또는 송목(松木), 소오리나무로 부르기도 한다.

소나무는 자원의 풍부성과 쓰임새로 보아 선사시대부터 관심의 대상이 되었던 것으로 생각된다. 중국 고대 시집인 『시경』에서 "회즙송주(檜楫松舟)" 곧 전나무로 노를 만들고 소나무로 배를 만든다는 기록을 볼 때 소나무란 명칭은 무척 오래 된 것이 아닐까 한다.

한자로는 '松(송)' 자를 쓰는데 이 자의 오른편 公(공)은 이 나무가 모든 나무의 윗자리에 선다는 것을 뜻한다. 이시진(李時珍)의 『본초강목(本草綱目)』에 "소나무는 모든 나무의 어른(長)이라"는 대목이 있다. 그런데 '송' 자는 중국 전설시대에 황제(黃帝)의 신하 창힐(蒼頡)이 만들었다고 한다.

소나무는 껍질이 붉고 가지 끝에 붙은 눈(芽)의 색깔이 또한 붉기 때문에 적송(赤松)이라 말하고 바닷가보다는 내륙 지방에 주로 난다고 해서 육송(陸松)이라고도 부른다. 또 잎이 해송(海松, 바닷가에 주

소나무의 붉은 겨울눈 경기도 광릉.(1992. 4. 1.)   **해송의 흰 겨울눈** 전북 이리.(1989. 4. 1.)

로 나는 소나무)보다 유연하므로 여송(女松)이라고도 한다.

소나무의 잎은 두 개가 모여서 한 다발을 이루므로 이엽송(二葉松), 이침송(二針松), 이립송(二粒松), 이수송(二鬚松) 등으로도 부른다.

학술상의 명칭은 *Pinus densiflora* Siebold et Zuccarini인데 피누스(*Pinus*)는 이 나무에 대한 라틴명이고 덴시플로라(*densiflora*)는 꽃이 빽빽이 모여 난다는 뜻으로 소나무의 암꽃과 수꽃의 상태를 표현한다. 영명은 Japanese pine 또는 Japanese red pine이고 독일명은 Japanischer Rotkiefer이다. 모두 이름 안에 '붉다'는 내용을 담고 있다.

중국에서는 적송(赤松), 자송(雌松), 요동(遼東) 적송, 일본 적송 또는 단엽(短葉) 적송으로 쓰고 있으며 한때는 유송(油松)이라고도 했다. 일본명은 마쓰(マツ) 또는 아카마쓰(赤松을 뜻한다)이다.

우리나라와 중국에서는 모두 '松'을 '송(Song)'이라 발음하고 있는데 여기서 송나무, 소나무로 파생된 것이 아니겠는가.

소나무의 붉은 수피
강릉. (1989. 1.)

해송의 검은 수피
강릉.(1989. 9.)

분류

식물의 분류 체계는 사람에 따라 차이가 있다. 종(種, species)으로서의 소나무는 나자식물에 소속되며 모든 나자식물은 목본(木本, 나무)이다. 잎에는 평행맥이 발달하고 목부(木部)에는 도관(道管)이 없다. 나자식물 가운데 암꽃의 인편(鱗片)은 성숙한 뒤 모여서 목질의 구과(球果)로 된다. 이러한 나자식물을 흔히 침엽수라고도 한다.

구과식물 안에 소나무과가 있고 과(科) 아래에 소나무속(屬, genus)이라는 하위단위(下位單位)가 있는데 우리가 소나무라고 부르는 것은 소나무속에 딸린 모든 종을 말한다.

종의 뜻을 구체적으로 파악하기는 쉽지 않으나 다음과 같이 풀이해 볼 수 있다.

"종이란 한 식물의 무리(群)로서 중요한 특징에 있어서 또 유전적 특성에 있어서 다른 식물군과 뚜렷이 구별되고 이 차이가 자손을 통해서 영구적으로 유지되는 그러한 최소의 자연적인 개체 무리를 말한다."

소나무류(屬의 개념) 하면 잣나무, 백송, 해송, 섬잣나무, 리기다소나무, 유럽 적송 등 약 90여 종이 있고 모두 상록성 수목들이다.

소나무의 분류 체계

종자식물(현화식물)
↓
나자식물
↓
구과식물
↓
소나무과
↓
소나무속(소나무류)
↓
소나무(종의 수준)
↓
소나무의 변종

소나무속은 잎 안에 있는 유관속의 수가 하나냐 또는 둘이냐에 따라 단유관속아속과 쌍유관속아속으로 나뉜다. 소나무는 쌍유관속아속에 소속되고 유전적으로 가장 가까운 것은 해송(*Pinus thunbergii*

Parlator ; Japanese black pine)이다. 단유관아속인 잣나무류에는 백송처럼 3엽송도 있으나 거의 5엽송이고 쌍유관아속에 속하는 소나무류에는 3엽송인 리기다소나무, 테에다소나무 등이 있으나 대개 2엽송이다. 이시진의 『본초강목』에서는 소나무류에는 2침, 3침, 5침의 구별이 있고 3침의 것을 괄자송(栝子松)으로, 5침의 것을 송자송(松子松)으로 말한다고 했다.

소나무는 제3기 선신세(鮮新世, pliocene)에 들어서 처음 나타나 인간의 활동이 왕성해지면서부터 그 수가 증가하기 시작했으며 역사시대에 접어들면서 그 수가 급격히 불어났다. 곧 소나무가 나타난 연대는 비교적 오래지 않음을 알 수 있다.

소나무과 식물에는 세계적으로 11속 약 250종이 있는데 그 가운데 소나무속은 중세대(中世代) 백악기부터 나타나고 지금 약 90종이 알려져 있다.

형태

지금으로부터 약 550년 전의 옛책 『양화소록(養花小錄)』에는 "큰 소나무의 줄기는 몇 아름이 되고 높이는 십여 길에 이르며 마디가 발달해 있고 껍질은 용의 비늘에 닮고, 서리고 서린 뿌리, 축 늘어진 가지, 항상 푸르고 푸른 잎, 초봄이 되면 새순이 수북이 돋아나고 꽃이 피어 송홧가루가 날고 솔방울이 맺는다"라고 소나무의 모습을 표현한 글이 있다.

이것은 『본초강목』의 내용과 거의 같으며 소나무의 모습을 잘 표현하고 있다.

용의 비늘을 닮은 소나무
수피

잎의 외부 형태

소나무 종자는 싹이 틀 때 종피를 쓴 자엽(떡잎)이 땅 위로 올라온다. 자엽의 수는 4~9개이나 6개인 것이 많다.

자엽의 시대를 벗어난 소나무 잎은 두 개가 한 쌍이 되어 마주 나는데 아랫부분은 2 내지 3밀리미터 정도 되는 엽초(葉鞘) 안에 들어 있다. 엽초는 진한 갈색인데 떨어지지 않고 잎과 일생을 함께한다.

봄이 되면 가지 끝에 달려 있던 붉은 색의 눈이 자라기 시작해서 활기에 찬 어린순으로 뻗어 나간다. 이 새순을 유조(幼條, shoot)라고 부르는데 이 유조에는 어린 잎들이 붙어 있다. 곳에 따라서 또 그 해의 기후에 따라서 차이가 있으나 우리나라 중부 지방에서는 5월 초

부터 유조 신장생장(伸長生長)을 시작하여 대체로 8월 초까지 계속되
지만 침엽에 따라 자람의 중지 시기에는 변이가 많다. 다음해에 자라
야 할 새 눈이 7~8월에 갑자기 자라나는 일이 있는데 이것을 하아조
(夏芽條, lammas shoot)라 한다.

    소나무류의 잎이 바늘과 닮았다고 해서 침엽(針葉, needle leaf)으로
표현하는 것은 세계 공통의 경향인데 우리나라 소나무의 성숙한 침
엽 길이는 3 내지 13센티미터 범위 안에 있다. 길고 짧은 변이는 토
양 조건, 기후, 나무의 나이, 병충해 등에 원인이 있다. 이 가운데 땅
힘이 좋으면 침엽의 길이가 길어지는 현상이 나타나므로 역으로 소
나무 침엽의 길이를 측정해서 그 나무가 서 있는 곳의 땅 힘을 추측
하기도 한다.

자라나는 새순 봄이 되
면 가지 끝에 달려 있던
붉은 색의 눈이 자라기
시작해서 활기에 찬 어린
순으로 뻗어 나간다. 제
주 한라산.(1987. 6. 9.)

오래 된 늙은 소나무의 침엽 길이는 20 내지 30년생 장령의 나무보다 짧은데 소나무가 아닌 다른 나무에서도 비슷한 경향이 보인다. 이처럼 나무의 나이도 침엽의 길이에 큰 영향을 미친다. 두 개의 침엽이 서로 붙어서 한 다발로 되어 있는데 원래는 잎이 하나이던 것이 진화 과정을 통해서 두 개로 갈라진 것으로 믿어지고 있다. 흔한 것은 아니지만 1, 3, 4, 5개가 한 다발로 된 소나무의 잎도 관찰되고 있다. 1, 2년생의 어린 소나무에는 3엽성이 많으며 땅 힘이 좋은 곳에 이러한 현상이 더 많이 나타난다.

잎의 횡단면은 반달 모양으로 되어 있는데 그 수평면(직선적인 면)을 잎의 표면 또는 향축면(向軸面, adaxial side)이라 하고 반달의 곡선면을 뒷면 또는 배축면(背軸面, abaxial side)으로 말한다.

침엽에는 기공이 발달하는데 소나무류에서는 이것이 줄로 되어 잘 관찰된다. 기공열(氣孔列)의 수는 나무에 따라 변이를 보인다. 건조한 곳에 나는 소나무는 수평면(잎의 표면)에 4 내지 7줄, 물기 많은 곳에 나는 나무는 7 내지 13줄에 이른다. 기공은 수분의 증산에 관계되는 기관이므로 이것은 타당한 적응 현상이라고 말할 수 있다. 곡선면(잎의 뒷면)의 길이는 직선면의 길이보다 더 길므로 기공열의 수가 더 많다.

그런데 한 쌍의 침엽은 수평면이 원초적으로 붙어 있었다고 생각되나 수평면에 나타나는 기공열 수에는 차가 있어서 두 잎은 서로 다른 세포 분열의 행동을 하는 것으로 믿어지고 있다. 기공열의 수는 소나무의 산지에 따라도 차이가 있다.

침엽에는 거치(톱니로 흔히 표현)가 발달해 있다. 잘 발달된 침엽의 중간 부위 1센티미터의 거치 평균 수를 보면 주왕산 소나무가 53, 안면도 소나무는 67, 오대산 소나무는 62로 나타나 차이가 있음을 말해 준다.

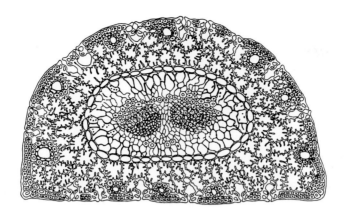

소나무 침엽 횡단면의 모식도

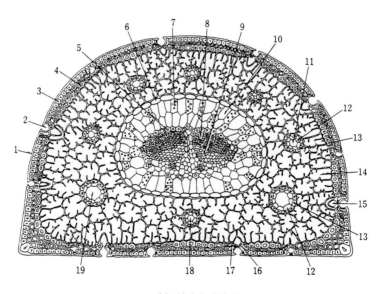

해송 침엽의 횡단면도

1. 외피(상피) 2. 기공 3. 표피 4. 하표피 5. 섬유세포 6. 내피 7. 전분세포
8. 사부 9. 목부 10. 이입세포 11. 수지도 12. 분비세포(박막세포) 13. 보호초
14. 엽육세포 15. 호흡실 16. 공변세포 17. 부세포 18. 부수지도 19. 주수지도

엽초를 제거하고 한 쌍의 침엽을 갈라 보면 그 사이에 미세한 돌기 같은 것이 있는데 이것을 사이눈[間芽]이라 한다. 이 사이눈은 자라나서 가지를 만드는 일 없이 휴면 상태로 남아 있게 된다. 그러나 자라서 새순이 절단되면 그쪽 침엽의 사이눈이 자라서 흔히 새순을 만든다. 침엽은 그 아래쪽의 극히 짧은 단지(短枝)로서 굵은 가지에 부착해 있는데 그 길이는 불과 1, 2밀리미터에 지나지 않는다. 침엽이 떨어질 때 이 단지 부분은 잎과 함께 행동하고 어미 가지에 남게 되는 일은 없다. 잎의 수명 곧 자라나서 떨어질 때까지의 기간은 보통 2년이다. 땅 힘이 좋은 남쪽 지방에서는 1년이 더 연장되는 3년에 이르기도 한다. 그러나 한 나무에 있어서도 가지에 따라 침엽의 수명에는 차가 있다. 곧 주축성의 가지는 곁가지보다 그리고 윗가지는 아랫가지보다 그 위에 나는 침엽의 수명이 더 길다.

잎의 내부 형태

소나무 잎을 가로로 잘랐을 때 내부 구조를 보면 바깥 쪽에 외피가 있고 외피 아래에 표피가 있다. 그 아래 엽육세포 조직이 있고 한 줄로 된 큰 세포의 내피 조직에 이르고 있다. 내피 안쪽에 두 개의 덩어리 같은 것이 있는데 이것이 유관속이다. 곡선면 쪽의 유관속 부분은 사부(篩部)이고 직선면 쪽의 유관속 부분은 목부(木部)이다. 사부와 목부는 모여서 유관속을 만들고 있다. 이처럼 소나무 잎에는 두 개의 유관속이 있다.

다음 수지도(樹脂道)에 있어서 침엽의 양쪽 모서리(abaxial margin) 가까운 데 있는 두 개의 주수지도와 그렇지 않은 곳에 있는 부수지도가 있다. 소나무에서 수지도는 표피세포에 붙어 있는 위치 관계에 있으나 해송의 경우는 수지도가 표피와 떨어져서 엽육세포 안에 있다. 더러 예외가 없는 것은 아니나 이 점으로 소나무와 해송은 잘 구별되고 있다. 그래서 소나무의 수지도 위치를 외위(外位), 해송의 수지도를 내위(內位)로 말한다.

수지도 수는 직선면 쪽이 적고 곡선면 쪽에 더 많다. 수지도의 수는 일반적으로 7, 8개 범위 안에 있으나 개체에 따라 큰 변이를 보이는 경우도 있다. 전남 홍도 양산봉(陽山峯)에 자라고 있는 소나무를 조사 관찰하였는데 그 나무에 달려 있는 모든 잎은 한 개의 수지도만 가지고 있었다. 특이한 개체라고 할 수 있다.

소나무의 눈은 적갈색을 띠고 많은 포엽(苞葉)에 싸여 있다. 포엽은 피침형(披針形)으로 끝이 날카롭고 길게 연장되며 양쪽 가장자리에는 반투명의 납작한 연한 털이 발달한다.

꽃, 구과

소나무에는 암꽃과 수꽃이 있다. 이러한 꽃을 단성화(單性花)라 한다. 그리고 한 나무 위에 암꽃과 수꽃이 모두 있어서 자웅동주(雌雄同株) 또는 일가화(一家花)라고 한다. 소나무 꽃은 4월 하순부터 5월 상순에 피는데 수꽃은 타원형이고 길이가 4 내지 9밀리미터이며 수술의 끝은 반달 모양으로 퍼지며 꽃실〔花絲〕아래에 두 개의 약포(葯胞)가 있다. 화분에는 두 개의 날개가 달려 있다.

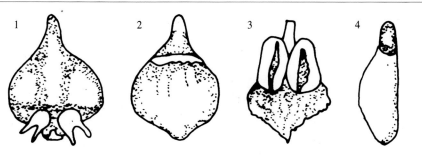

소나무의 꽃과 종자 1. 종자 인편의 앞면 2. 뒷면 3. 수술 4. 날개를 단 종자

수분이 막 끝난 새순 끝쪽의 어린 구과(1993. 5. 15.)　　　　수분 3개월 뒤의 구과(1993. 8. 15.)

　암꽃은 가지의 끝쪽에 2, 3개씩 달리고 처음 모양은 둥글거나 타원형이며 길이 5밀리미터쯤 되고 엷은 보라색을 띤다. 이것은 많은 암꽃의 모임인데 그것을 구과(球果, cone)라 하며 흔히 말하는 솔방울이 바로 이것이다. 성숙한 솔방울은 여러 개의 인편이 모인 것인데 한 개의 인편에는 두 개의 배주가 붙어 있고 나중에는 두 개의 날개 달린 종자로 된다. 초봄 정받이하기 전의 어린 구과를 구화(球花)라고도 하며 영어로는 콘(cone) 대신에 흔히 스트로빌(strobile 또는 conelet)로 표현한다.

　솔방울의 인편은 솔방울 축(軸)에 나선상으로 붙고 끝은 비대하여 굵어지고 노출되는 부분(apophysis)은 마름모꼴에 가깝고 가운데 중심 돌기(umbo)가 있다. 솔방울이 성숙하면 인편 사이가 벌어지고 종자가 떨어져서 날아 나온다.

　수꽃은 암꽃이 달린 같은 가지나 또는 다른 가지의 중간 이하 부분에 달린다. 그러나 때론 이와 반대되는 경우도 관찰되고 있다. 암꽃이 아래에 날 경우는 흔히 그 곳에 많은 솔방울이 다닥다닥 붙게 된다.

뿌리

소나무의 뿌리 조직은 1년생 뿌리 횡단면에 있어서 3원형(原型)이다. 모든 식물의 뿌리는 일차 조직에 있어서 방사유관속(放射維管束)을 보이는데 이때 원생(原生) 목부의 수를 계산해서 3, 4, 5원형 등으로 말한다.

소나무는 어린 묘목 때부터 주근이 발달하고 가는 뿌리는 지표부에서 많이 발달한다. 어린 나무는 뿌리목 근처에서 몇 개의 수하근(垂下根)이 발달하고 지표면에 따라 나아가는 수평근을 관찰할 수 있다. 이때 주근이 절단되어도 새로운 부정근(不定根)이 자라나서 주근을 대신하게 된다.

성숙목의 뿌리 색깔은 적갈색이고 껍질이 얇으며 작은 비늘 조각처럼 떨어져 나간다. 일반적으로 뿌리목 부근 그리고 곁뿌리의 아래

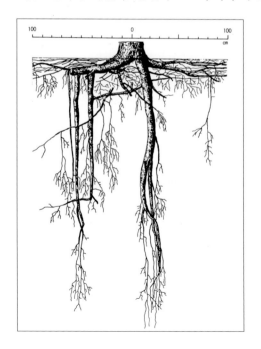

소나무 뿌리의 발달 모습
수령 45년생, 높이 14미터, 흉고 직경 26센티미터, 뿌리의 최대 깊이 290센티미터.

쪽에 굵은 수하근이 발달한다. 주근과 수하근은 깊게 들어가므로 소나무는 심근성(深根性) 수종이라고 말한다. 땅만 좋으면 5, 6미터 깊이에 이른다. 땅 표면 가까이에서는 가는 뿌리가 잘 자라나 깊은 곳에서는 발달이 극히 제한된다.

목재의 구성 요소

소나무 목재를 구성하는 요소는 가도관, 방사유세포(放射柔細胞), 방사가도관, 그리고 수지도(수직 및 수평의 두 종류)를 둘러싸는 분비세포인 에피테륨세포(epithelial cell) 등이다. 침엽수의 목재 구성 요소 가운데 90퍼센트 이상은 수직축 방향으로 긴 섬유상의 가도관이다. 가도관은 뿌리에서 잎으로 수분을 옮겨 보내는 역할을 할 뿐만 아니라 나무 줄기에 물리적 강도를 주는 작용도 한다. 특히 춘재부 가도관은 수분통도에, 하재부(夏材部) 가도관은 기계적 작용을 맡게 된다.

분포

소나무의 분포지는 수평적으로 볼 때 우리나라, 일본, 중국, 우수리 등이다. 우리나라에는 남으로 제주도의 남쪽 서귀포 앞바다에 있는 섶섬〔森島〕, 동으로는 울릉도, 서쪽으로는 홍도에 이르기까지 매우 넓은 분포 영역을 가지고 있다.

이북 백두산을 둘러싼 고원 지대에는 없다. 이북에는 분포량이 적고 벽지에 가면 마을 근처에 나고 있을 뿐이다. 마을 주변에 소나무가 난다는 것은 소나무 생태의 일면을 말해 주는 것으로 해석된다. 이것은 또한 소나무가 따뜻한 곳을 좋아한다는 생태적 특성을 반영하는 것이다.

백두산 등 이북 고원, 고산 지대는 기후가 너무 한랭하여 소나무가 자라지 못한다. 그러나 압록강, 두만강의 흐름을 따라 낮은 곳에서는 소나무가 나타나고 있다.

수직적 분포는 남부의 경우 해발고 1,150미터 이하, 중부는 1,000미터 이하, 북부에는 900미터 이하에 분포한다는 보고가 있다. 그러나 주로 200 내지 300미터의 낮은 곳에 집중적으로 나타나고 있다. 우리나라 수종치고 소나무보다 더 넓은 분포 영역을 가진 것은 없다. 이런 것을 광범종(廣汎種)이라 한다.

소나무는 일본에도 많이 분포하고 있는데 남으로는 큐슈, 시코쿠, 북으로는 혼슈 북단에 이르기까지 넓은 영역을 차지하고 있다. 그리고 중국에서는 산동 반도 동부 지방, 요동 지방, 만주의 동남 지대(목단강 유역)에 분포하고 러시아 연해주 동해안 지대까지 나아가고 있다. 그러한 곳에서 유럽 적송 계통이라고 생각되는 소나무와 접근하고 있다.

이렇게 광범위한 소나무의 분포 형태는 과거 동해가 뭍으로 둘러싸인 큰 호수형의 바다였고 우리나라와 일본의 땅이 서로 이어져 있었기에 가능했다고 본다.

품종

식물 분류 단위에 있어서 종 이하의 수준으로 아종(亞種, sub-species), 변종(變種, varietas), 품종(品種, forma) 등이 있는데 이들 용어의 뜻이 분명하게 구분되지 못하고 사람에 따라서 다소 다르게 사용되고 있다.

이 3가지 분류 단위에 대해서 간명하게 살펴본다.

아종 어떤 뚜렷한 특징으로서 다른 개체군(個體群)과 식별될 뿐 아니라 그 개체군의 분포가 어떤 특정 지역에 한정되어 있을 때 적용하는 분류 단위이다.

변종 기본형보다 어떤 특성에 있어서 편의(偏倚, 치우침)를 보이는 것으로 그 성질이 유전하는 것을 말한다. 잎이 매우 좁다든가 열매가 길다든가 하는 경우를 들 수 있다.

품종 한 가지 특징으로서 큰 무리와 구별되는 다른 개체로 이루어진 분류학적 단위이다.

이들 용어에 대한 구별은 뚜렷하지 못하고 어떤 개체군에 대하여 변종으로 다루는 사람이 있는가 하면 품종으로 다루는 사람도 있다.

이와 같은 내용을 배경으로 해서 소나무에 대한 변종, 품종 등을 알아본다. 우리나라 소나무의 품종에 대한 연구는 금세기 초반에 일본인 학자 우에끼 박사에 의해서 수행되었고 내용은 다음과 같다.

반송(forma *multicaulis*)

지표면 가까이부터 줄기가 여러 개로 갈라지고 주간(主幹)이 없으며 높이는 큰 것이 10미터쯤에 이른다. 수형이 아름다워서 조경용으로 이용되고 있다. 조선다행송(朝鮮多行松), 반송(盤松), 천지송(千枝松), 만지송(萬枝松) 등으로 말하기도 한다.

처진소나무(forma *pendula*)

현재 대표적인 처진소나무의 모습은 경북 청도군 매전면 동산리에 있는 천연기념물 제295호에서 볼 수 있다. 가지가 능수버들처럼 아래로 처지는 특성을 가지고 있는데 이러한 특성은 접목으로서 그대로 나타나므로 유전적으로 고정되어 있다는 것을 암시해 준다.

반송 실상사 경내.
(1987. 7. 위)

처진소나무 경북 청도군 매
전면.(1992. 7. 왼쪽)

금강송 강원도 영월군 법흥사 주변.(1988. 6.)　　　　**금강송** 강원도 양양 수렵장.(1994. 6.)

금강송(forma *erecta*)

　간단히 '강송'이라고도 한다. 우에끼 박사에 의하면 금강송의 산지는 강원도 금강산부터 경상북도 조령으로 통하는 종관산맥(縱貫山脈) 가운데 특히 계곡 토양의 수분 조건이 좋고 비옥한 곳이다.

　재질이 뛰어나며 줄기가 곧고 수관(樹冠)이 좁으며 곁가지는 가늘고 짧다. 지하고는 길고 수피 색깔은 아래쪽이 회갈색이고 위쪽은 황적색이다. 그리고 연륜 폭이 균등하고 좁으며 목리(木理)가 곧다.

　그래서 우리나라 소나무 가운데 가장 우량 품종(優良品種)으로 인정받고 있다. 이것은 지역품종(地域品種)이란 뜻으로 파악해야 할 것이다.

황금소나무(forma *aurescens*)

황금색의 솔잎을 갖고 있어 아름답게 보이나 그리 흔하지 않은 나무이다. 강원도 삼척군 가곡면 동활리에 있는 황금소나무는 동신목(洞神木)으로 되어 있었는데 몰려드는 구경꾼의 손을 타서 1995년에 죽고 말았다.

황금소나무 강원도 삼척시 가곡면.(1994. 3. 5.)

용소나무(forma *anguina*)

가지가 용틀임해서 구불구불 굽는 것인데 유전적인 것으로 여겨진다. 삼나무, 유럽 적송 등에서도 이러한 현상이 관찰된다. 생활력이 강하지 못하다.

도깨비방망이소나무(forma *aggregata*)

가지 끝에 많은 솔방울이 모여 나서 가지를 둘러싼 모양을 이루는 소나무에 대한 품종명이다. 다른 소나무류에도 이러한 현상은 나타난다. 모여서 나는 솔방울의 수는 수십 개에 이르기도 한다.

이 솔방울에는 무배종자(無胚種子)가 많으나 때로 유배종자도 있다. 이러한 특성이 한 해에 끝나는 것도 있고 2, 3년 계속해서 나타나는 경우도 있다.

다닥다닥소나무(forma *basi-aggregata*)

이 품종은 새 가지의 중간 부분 이하에는 수꽃이 달려야 하는데 이것이 암꽃(솔방울)으로 성전환(性轉換)함으로써 그 곳에 많은 솔방울이 다닥다닥 붙은 것이다.

그 솔방울에서 발아력 있는 종자가 생겨나기도 하고 몇 년 동안 계속해서 이러한 특성이 나타나기도 한다. 땅 힘이 좋지 못한 곳의 쇠약한 나무에서 더 흔한 현상이다.

둥근소나무(var. *globosa*)

수관이 땅 표면에 접근해 발달하고 그 모양이 반구형(半球形)이다. 가지가 지표면을 따라 거의 수평으로 발달하기 때문에 이러한 형으로 된다. 가지와 잎이 빽빽이 발달하고 아랫가지가 죽지 않고 오래 살아 남는다.

간흑송 (*Pinus densi - thunbergii Uyeki*)

소나무와 해송 사이에 교배가 일어나서 만들어진 잡종 소나무를 말한다. 우리나라 소나무와 해송은 분포 경계가 접근해 있다. 해송은 남해안, 서쪽의 전남북 해안, 동쪽에 있어서는 울진 부근에 이르는 남쪽 해안에 좁은 대상(帶狀)으로 나타나고 있다. 해송과 소나무 숲의 경계는 비교적 뚜렷한 편이다. 서로 접촉하는 경계선 부근에서 화분 교환으로 잡종 소나무가 생겨나게 된다. 이 간흑송(間黑松)은 그 자람이 어느 어버이 쪽보다 더 좋을 수 있다는 연구도 있다.

해송은 침엽 횡단면상 수지도의 위치가 중위이고 소나무는 외위인데 잡종송은 수지도의 위치가 외위인 것도 있고 중위인 것도 있어서 잡종이란 것을 확인하는 거점이 되고 있다. 이때 잡종의 정도는 수지도의 수와 위치 관계를 따지고 있다.

전 수지도의 수로 외위 수지도의 수를 나눈 비율을 적송도지수(赤松度指數)라고 한다. 이 지수의 값이 4/10에서 6/10이면 해송과 소나무의 유전성을 반반쯤으로 나누고 있다고 해석한다.

소나무의 상징과 문화

상징

인간은 어떤 물체를 바라볼 때 그것을 관념화하여 비감각으로 호소하는 정신 영역이 있다. 달을 쳐다보고 원만한 것, 완성된 것, 깨끗한 것, 찬 것, 여성적인 것 등으로 표현하는 달에 대한 상징이 있는데 이처럼 상징이란 것은 다의적(多義的)이다.

이러한 상징의 창출 뒤, 반대로 그 상징성에 영향을 받는 문화 행동이 존재하였으며 그것은 사람의 삶에 큰몫을 해 왔다. 이러한 뜻에서 소나무는 상징을 통해서 인간의 정신적, 육체적 행동 규범에까지 큰 영향을 미쳤던 것이다.

소나무를 목재로 이용하는 것이 일차원적 효용이라 하고 맑은 공기, 수리 조절, 보건 휴양 등 나무들이 존재함으로써 제공하는 가치를 이차원적 효용으로 보고, 끝으로 소나무의 씩씩함, 굳은 절개, 깊은 부부의 사랑 등의 상징성을 삼차원적 효용으로 말할 수 있다. 물론 이차원과 삼차원의 경계는 다소 모호한 점도 있다. 소나무 줄기의 알맞은 굴곡과 붉은 수피를 하나의 아름다운 조각물로 보고 마음의 평

여성의 비부를 상징하는 소나무 끝눈 부분　솔잎은 두 개가 한 엽초 안에 나고 그 사이에 사이눈이라는 작은 생명체를 지니고 있다. 그래서 소나무를 음양수라 하고 완전 무결한 부부애의 상징으로 본다. 안면도 채종림.

안을 얻는다면 그것은 보건 휴양 곧 이차원적인 면에 기울어질 것이고 그것을 옛 사람들이 해왔듯이 붉은 비늘의 용이 하늘로 날아 오르는 상으로 보고 용의 생태에 젖어들어 무언가 정신적인 영향을 받는다면 삼차원적 효용으로 볼 수 있다.

음양수(陰陽樹)

솔잎은 두 개가 한 엽초(입자루) 안에 난다. 아랫부분이 서로 접촉하고 그 사이에 사이눈이라는 작은 생명체를 지니고 있는 상황과 이 잎이 늙어서 떨어질 때에는 하나가 되어서 최후를 마감하는 소위 백년 해로의 모습 등은 완전 무결한 부부애의 상징으로 여겨진다. 그래서 소나무를 음양수라 하고 아내와 남편은 솔잎처럼 살아야 한다는 윤리 규범을 만들어 냈다.

상록성(常綠性)

우리나라 전 국토를 덮고 있는 상록수의 대부분은 소나무다. 소나무 말고 향나무, 전나무, 잣나무 등 상록성의 나무도 있으나 그 수가 적고, 있다 해도 한쪽에 편재해 있어서 흔히 볼 수 있는 나무가 못 되고 또 소나무와 같은 경취(景趣)가 없다. 소나무의 상록은 불굴 불변의 절개를 상징하는 것으로 여겨지고 있다.

　　이 몸이 죽어가서 무엇이 될꼬하니
　　봉래산 제일봉에 낙락장송 되었다가
　　백설이 만건곤 할제 독야청청 하리라.

우리의 가슴 속을 섬득하게 하는 성삼문의 시조다. 또 『논어』 자한(子罕)에는 "子曰. 歲寒然後 知松柏之後彫也"라고 하였다. 이는 "한겨울 추운 날씨가 된 뒤에야 소나무나 전나무의 변치 않는 절개를 알 수 있다"는 공자의 가르침을 전한다. 곧 위급한 상황에 처해야 비로소 그 인간의 진가가 드러난다는 뜻이다.

소나무의 상록은 잎의 수명이 2년(더러는 3년)인 데 있다. 소나무의 새잎이 돋아 1년생 잎으로 되면 그때 2년생 잎은 떨어지게 되고 1년생 잎이었던 것은 2년생 잎으로 된다. 곧 2년생 잎이 떨어지면 1년생의 새잎이 들어서게 된다. 그래서 소나무 가지에는 항상 1 내지 2년생 잎이 달려 있어서 상록으로 된다. 울폐되어 있는 소나무 숲은 해마다 핵터당 약 3톤(건중량)의 잎이 떨어지고 약 3톤의 새잎이 생겨나서 다시 이것을 보충하게 된다. 이 3톤의 값을 기본 엽량이라 한다. 전나무는 잎의 수명이 약 5년이므로 숲의 엽량은 기본 엽량의 5배쯤 된다. 따라서 소나무 울폐림 핵터당 잎의 건중량은 약 6톤에 이른다. 상록의 바탕이 여기에 있다.

대들보

큰 집 가령 궁궐, 남대문, 큰 건물, 사찰, 서원 등을 건축할 때 그 들보는 소나무재로 충당된다. 실제로 서울의 남대문을 개축할 때 들보가 소나무재였음을 알아내고 개축에 있어서도 역시 소나무재를 썼다. 1989년 준공한 전남 송광사 대웅전도 350년생의 춘양목 대들보를 썼고 서울의 옛 궁궐 건물의 개축에 있어서도 소나무재를 대들보로 했다. 소나무가 아니고서는 그와 같이 길고 큰 재목을 구할 수가 없기 때문이다. 부재(符載)의 식송론(植松論)에는 "소나무야말로 명당(明堂)의 기둥감이요 큰 집의 대들보감이 되니 나무 가운데 나무다"라는 표현도 있다. 또 '대들보감' 사람이란 말이 있다.

장수의 상징

소나무는 오래 사는 나무로 알려지고 있으며 장수는 인간의 간절한 희구이고 보면 이 나무는 선망의 대상이었다.

'학루구복 천세지학 누우송백(鶴樓龜伏 千歲之鶴 樓于松柏)'

천년을 사는 학이 집을 짓고 오래 사는 거북이 엎드린다는 소나무는 초로와 같이 살다가 이 세상을 떠나야 할 인간의 동경의 대상이 되었다. 오래 사는 물체에 인간은 영성(靈性) 또는 신성(神性)을 부여했고 그 장엄에 굴복하고 그 위력의 그늘 아래에서 평안하게 살 것을 바랐다. 소나무 가운데는 서낭당 나무로서 치성을 올리는 대상이 된 것이 많다.

「일월산수도(日月山水圖)」에는 하늘에 해와 달이 있고 우뚝 솟은 산에서 폭포가 흘러내리며 그 곳에 네 그루 소나무가 솟아 하늘에 이르고 있다. 붉은 수피의 굵은 줄기와 반굴하는 가지의 아름다움은 권위와 장엄의 상징으로 왕좌의 뒷배경을 장식하였다.

소나무 동제 인간은 오래 사는 소나무에 영성(靈性) 또는 신성(神性)을 부여하고 그 위력의 그늘 아래서 평안하게 살 것을 바랐다. 강릉 회산동.(맨 위)

서낭당 소나무 강릉 회산동.(1989. 1. 24. 위)

무열왕릉 주변의 도래솔 도래솔은 묘지 주변에 소나무를 심어 묘지를 보호하고 묘지 안 저승에서 지내는 영혼의 명복을 빌고 이승의 일에 관심을 갖지 말아 달라는 기원을 담는다.(1994. 3. 옆면)

금기 줄의 솔가지

우리나라 습속의 하나로서 아기를 출산하면 대문에 금줄을 쳐서 외인의 출입을 막고 정결을 유지하였다. 이와 함께 출산한 아기의 성별을 알리기 위해서 아들이면 붉은 고추를 숯덩이와 함께 금줄에 끼우고, 여자이면 고추 대신 솔가지를 끼우는데 솔가지는 이때 여자를 상징하는 것으로 보았다. 모두 그 생김새로 인연을 붙여본 것이다.

도래솔

묘지 주변에 솔을 심는 것은 묘지를 보호하고 좋은 환경을 만들고 자 하는 것 밖에도 묘지 안 저승에서 지내는 영혼의 명복을 빌고 이 승의 일에 관심을 갖지 말아 달라는 기원을 담는다. 이것이 도래솔 〔丸松〕인데 위로는 왕릉 둘레에, 아래로는 일반 서민의 묘에도 이것을 심었다. 조상을 공경한다는 것은 유교에서 가장 중요시하는 덕목이기 때문에 도래솔의 풍속을 가로막는 일은 없었다. 지난날 우리나라의

산과 들은 모조리 국가(왕) 소유였지만 이 도래솔 영역만은 사유의 성격을 띠었다.

청송사

소나무를 상징하는 시가로는 사명대사의 '청송사'가 유명하다.

　소나무, 아 푸르구나. 초목의 군자로다. 눈서리 이겨 내고 비 오고 이슬 내린다 해도 웃음을 보이지 않는구나/슬픈 때나 즐거운 때나 변함이 없구나. 겨울 여름 항상 푸르고 푸르구나/소나무에 달이 오르면 너는 잎 사이로 달빛을 금모래처럼 체질하고 바람이 불면 아름다운 노래 부르는구나.

　松兮 靑兮 草木之君子 霜雪兮不腐
　雨露兮不榮 不腐不榮兮 在冬夏 靑靑
　靑兮松兮 月到兮 篩金 風來兮 鳴琴

　이때 솔바람 소리를 음악의 아름다운 곡률로 본 것은 품격 높은 인간이 아니고서는 하기 어려운 일이다.

소나무 그림

　김정희의 「세한도(歲寒圖)」에는 다섯 그루의 노송이 서 있는데 그림의 맑고 고담(枯淡)한 지경과 간결한 조형 속에 오가는 시의(詩意)의 정감은 시와 그림의 범주를 딛고 넘어선 제3의 조형이라는 평이 있다. 그가 이 그림에 붙인 발문(跋文)에 의하면 귀양살이할 때 당시

높은 관직에 있던 옛 제자 이상적이 남의 눈을 꺼리지 않고 끝까지
사제간의 의리를 지킨 사실에 감탄하여 그를 송백에 비유해 그린 것이
다. 소나무 그림으로는 또 이인상(李麟祥)의 「설송도(雪松圖)」가 있
다. 18세기 중반 이인상은 절개 있는 인품과 격조 높은 풍류인으로서
일세에 뛰어난 선비였으며 자연을 사랑하고 세속을 멀리했다고 한다.
그림 가운데 우뚝 솟은 노송을 세웠는데 큰 바위 사이에 뿌리를 내
렸으며 눈을 이겨 꼿꼿한 절개를 보인다. 그 뒤에 또 한 그루의 소나
무는 비스듬히 누워 있고 뿌리가 노출되어 긴 세월 동안 뿌리를 덮
고 있던 흙이 세척되어 갔음을 알려 준다.

　18세기 김홍도의 「선인송하취생도(仙人松下吹笙圖)」 또한 유명하다.
소나무 그림은 대개 그 줄기의 굴곡을 아름답게 나타낸 것이 많다.
김홍도의 소나무 그림도 한 그루의 소나무가 비교적 곧은 줄기로 담
담하게 서 있다. 소나무의 배경은 전혀 없고 다만 가지가 거칠게 뻗
고 솔잎도 성기다. 나무 아래 차분한 자세로 앉아 생황을 불고 있는
신선은 사뭇 유연한 모습이며 옷자락의 선은 가늘다. 소나무 줄기의
껍질은 다소 거칠게 보이는데 소나무와 신선의 노래 가락이 잘 어울
릴 듯하다.

　신윤복(申潤福)의 「송정아회(松亭雅會)」에는 그림 가운데 네 그루의
노송을 세워 우아한 모습을 보여 주고 있다. 잘 솟아오른 줄기가 강
인해 보이고 시원스러운 맛을 느낄 수 있다. 나이가 들어서 줄기의
끝을 잃어버리고 긴 가지가 옆으로 뻗은 것은 바람결을 이겨 내기
위한 몸차림같이도 느껴진다. 소나무는 줄기의 강인한 아름다움이 있
는데 이 그림에서는 오히려 담청하게 처리되어 색다른 정취를 보여
준다. 옆에 초당이 있고 또 그 옆에 대나무 밭이 있다. 지팡이를 든
성큼한 키의 노인이 소나무 줄기의 빼어남과 조화를 이루고 있다. 만
고상청을 원하는 한 선비가 이 초당에 머물고 있는 듯하다.

소나무 보호의 역사

우리나라를 고향으로 하고 있는 소나무가 어느 때부터 크게 나타나게 되었는가 하는 것은 살피기 쉬운 문제가 아니다. 생각컨대 지금으로부터 약 4,300여 년 전 신석기시대에 삼림 개발로 인한 농경 생활의 시작과 만주 지역의 청동기 문화가 소나무의 출현을 도운 것이 아닐까 한다. 3천여 년 전에는 북방의 청동기 문화인들이 대거 남쪽으로 내려와 우리 민족의 주류를 이루면서 철기 문화가 시작되고 도끼, 낫, 창, 가래, 보습 등이 쇠로 만들어질 때 대량의 연료재가 소요되었을 것이고 틀림없이 잘 자란 소나무가 벌채 이용되었을 것이다.

소나무는 그 특이한 생태적 반응으로 이러한 인간의 간섭에 승승장구해서 그 출현의 밀도를 높여 갔을 것이다. 소나무는 스트레스 수종이므로 그냥 방치해 두면 세력이 약해진다. 따라서 소나무는 인류 문명의 발전에 기여하는 기회를 가짐으로써 더 강한 숲으로 발전해 나갈 수 있었다.

돌이켜 볼 때 신라의 멸망은 불량 소나무의 출현과 깊은 상관 관계가 있으며 소중한 자연 환경을 파괴하고서 그 나라의 운세가 강하게 이어질 수 없다는 것은 세계 각처의 역사가 이것을 증명하고 있다.

돌 틈에 뿌리를 박고 자라는 소나무 우리나라 소나무는 지금으로부터 4,300여 년 전 신석기시대 삼림 개발에 따른 농경 생활의 시작과 만주 지역의 청동기 문화에 의해 증가한 것으로 추측하고 있다.

그래서 우리 선조들은 생활 자원으로서 소나무의 소중함을 뼈저리게 느끼게 되었을 것이다. 고려 현종 4년(1013)에는 다음과 같은 기록을 남겼다.

"때를 어기어서 한 나무를 벤다는 것은 효(孝)에 벗어나는 일이다. 소나무와 잣나무(松栢)는 모든 나무의 장(長)인데 듣기에 근래 백성들이 때를 가리지 않고 소나무를 많이 벤다 하니 차후부터는 이유없이 소나무를 베는 것을 엄하게 금한다."

조선 세종 원년(1419)의 기록에 "전쟁용 선박은 한 나라의 중요한 장비인데 그것을 만드는 데에는 소나무를 쓰지 않으면 안 되고 그러한 소나무는 수십 년 자라지 않으면 이용될 수 없다. 조선재로 소나무가 많이 벌채되어 지금은 쓸 만한 나무 찾기가 어렵게 되었다. 소나무 벌채를 금하는 법은 이미 마련되어 있지만 무뢰한 백성들의 벌채와 방화가 심하여 어린 소나무도 자라기 어렵게 되었다. 앞으로 소나무 이용을 엄하게 제한하고 기존의 송림을 잘 보호하도록 할 것이며 법을 어긴 자는 중하게 다루어야 한다"라는 내용의 상소문이 있다. 이것으로 보아 약 600년 전 우리나라 소나무 숲은 그 자원이 일부 고갈된 듯하다.

조선 현종 9년(1668)에는 백성들이 큰 소나무를 마구 베어가므로 강하게 단속할 것을 공포하였는데 그 내용은 사복(종)이 범법을 하였을 때에는 그 주인까지 논죄(論罪)한다는 것이며 특히 소나무의 조선재로서의 이용 가치를 지적하고 있다.

숙종 4년(1678) 병조판서의 계(啓)에는 "나무가 없는 황폐지에는 전남 완도나 전북 변산의 소나무 종자를 따서 뿌려 숲을 만들면 수십 년 내로 좋은 성림이 기대된다"는 내용이 있다. 이것으로 보아 완도와 변산에는 좋은 소나무 숲이 있었음을 알 수 있으며 그 우량한 숲에서 종자를 따서 후계림을 만들자는 소위 임목 개량의 의도가 담겨 있어서 주목된다. 우량한 나무는 역시 다음 대의 좋은 나무를 만들어 낸다는 생물적 원칙을 지적하고 있는 것이다.

숙종 10년(1684)에도 소나무의 조선재로서의 이용 가치를 강조하고 소나무의 금벌을 설명하는 가운데, 숲 안에서 스스로 고사한 나무일지라도 그것을 끊어 이용해서는 안 되고 그 자리에 두어 썩게 하라는 내용이 있다. 이것은 소위 자고송(自枯松)을 이용한다는 핑계로 좋은 소나무를 끊어 없앨까 하는 염려에서 나온 처사라고 생각된다. 때로는 그것을 그대로 두는 것이 건전한 숲 곧 생태를 유지하는 데 필요하다고 보았을지도 모른다. 그러나 죽은 소나무는 벌레와 병의 집이 되어 다른 건전한 나무를 침해하는 일이 흔히 있다.

소나무 벌채에 대한 형벌은 좀 가혹할 만큼 무거운데 가령 죽은 소나무 두 그루 이상을 벤 사람은 장(杖, 큰 매) 100대에 도(徒, 노동형) 3년이란 기준이 있다.

참고로 소나무 이외의 나무들을 종종 잡목(雜木)으로 표현하고 있는데 이러한 나무는 주로 땔나무감으로 이용되는 것으로 원 줄기를 끊으면 그루터기에서 다시 움가지들이 많이 나오고 이것을 계속 끊어 땔감으로 할 수 있지만 소나무는 이러한 생리적 특성이 전혀 없다. 소나무는 줄기가 한번 끊어지면 남아 있는 줄기에서 싹이 다시 돋아나는 일은 없다. 이와 같이 죽고 다시 살아나는 생명 현상으로서 관념적인 평가를 받아 '백목의 장'이라든가 '잡목'이라든가 하는 명칭이 주어졌을지도 모른다. 근래에 와서는 과거 잡목 취급받던 수종에 대한 평가가 달라져서 잡목이란 명칭에 저항을 느끼는 경우가 많다. 시대가 변하면 나무의 이용 가치도 다르게 평가된다.

과거에는 숲에 불을 질러 쉽게 밭으로 개간하여 화전 농경도 했고 화렵이라 해서 불을 놓아 짐승도 잡고 해서 솔숲의 피해가 적지 않았던 모양이다. 그래서 송전 방화(松田放火)가 심심찮게 기록에 나타나고 있다.

『실록』에 의하면 정조 7년(1783) 각 도(道)에는 「어사사목(御史事目)」이 제정되고 그 안에 임업 정책이라고 할 임산 자원의 보호 관리 내용이 지적되었다. 사목에는 다음과 같은 것이 있다.

- 「경기도 어사사목」
- 「호서도 어사사목」:안면도, 변산, 완도, 나로(羅老)의 선재(船材) 및 황장봉산(黃腸封山)이 특기되고 있다.
- 「영남도 어사사목」
- 「해서도 어사사목」
- 「관서도 어사사목」:이북의 영변, 양덕, 맹산 등지의 울창한 삼림 자원이 지적되고 있으나 소나무 자원이 어떠했는지는 알 수 없다.
- 「관북도 어사사목」:남북 2천 리 거리라는 함경도의 삼림 자원인데 삼수갑산 등의 숲은 소나무류는 아니었고 다른 침엽수종이 주였을 것이다. 이곳은 대체로 소나무 분포 지역이 아니다.

법전의 하나이던 『대전통편(大典通編)』에 "개인적으로 소나무 1,000그루를 심어 조림에 성공한 자는 심사해서 상을 준다"는 조항이 있다. 그 실적이 어느 정도였는지는 알 수 없으나 나무 식재를 권장한 내용이 엿보인다.

그러나 당시 이러한 일을 돌보던 담당 관리들의 부패가 극심해서 나무 심기는 하지 않는 것이 오히려 마음 편한 일면도 있었던 것 같다. 정약용의 『목민심서』「공전」 산림조에 보면 '승발송행(僧拔松行)'이란 노래가 있다. 이 노래의 내용은 소나무를 심어 좋은 숲을 만들면 상을 준다고 하더니 수영(水營)의 구실아치가 와서 심은 나무에 탈을 잡으면서 이런 말 저런 말로 애를 먹이며 뇌물을 받아가

강원도 준경묘 부근의 소나무 숲 조선조 5백여 년 동안 소나무는 중요한 수종으로 인식되어 그 보호에 각별한 정책이 적용되었다.

는 행패 때문에 아예 미리 솔을 뽑아 버리는 한 승려의 초라한 행적을 그린 것이다.

이 '승발송행'의 내용은 당시의 상황을 일반화하는데 어느 정도였는지는 짐작하기 어려우나 터무니없는 것이라고는 볼 수 없다. 당시 기록을 통해 담당 관리들의 부패가 무척 심했던 것은 물론 좋은 법 규정도 무의로 되어 버린 흔적을 엿볼 수 있다.

한편 경기도 강화에서는 한때 해마다 솔씨를 뿌려 숲을 만들도록 했으며 이러한 일은 다른 곳에서도 실시되었다는 기록이 있다. 조선 조 태종 11년(1411)에는 경기도 장정 3,000명으로 하여금 서울 남산 등지에 20여 일에 걸쳐서 소나무를 심게 했다는 기록이 있다. 이것은 대규모 식목 행사인데 당시 어디에서 그렇게 많은 소나무를 구해왔는지 의문이다. 그러나 소나무를 숭상하고 도읍의 정기를 양호하기 위해서 이러한 일을 했다는 것은 크게 주목된다. 말하자면 환경림의 조성에 많은 공을 들인 것으로 풀이된다. 그 뒤 약 20년이 지나 남산의 나무 성긴 곳에 다시 나무 종자를 뿌려 보완해 주었다. 3천 명을 동원한 식목 성적에 아직 부족함이 있었다는 것을 짐작하게 한다.

이처럼 조선조 5백여 년 동안 소나무는 중요한 수종으로 인식되고 그 보호에 각별한 정책이 적용되었으나 관기 문란으로 큰 실효는 거두지 못한 것으로 풀이된다.

「제도송금사목(諸道松禁事目)」

우리나라의 소나무는 경관적 가치의 뛰어남과 목재 등 물질적 이용 가치가 다른 어떤 나무보다도 높아서 나라에서는 과거 특별히 소나무를 금양(禁養)하는 정책을 세운 바 있다. 이에 연계해서 일반 백성들은 소나무 보호를 다짐하는 금송계(禁松契) 등을 조직하는 경우도 있었다.

「제도송금사목」은 간단히 「송금사목」 또는 「금송절목(禁松節目)」이라고도 한다. 제도라 함은 서울을 제외한 팔도강산 전 국토를 뜻함이고 송금은 소나무를 끊지 않고 적절한 보호를 한다는 뜻이며 사목은 규정된 조목을 뜻한다. 따라서 전국 소나무 보호 규정이라고 풀이될 수 있다.

「제도송금사목」은 정조 12년(1788)에 반포된 소나무 금양에 관한 규정인데 전문(前文)과 28개의 조목으로 되어 있다. 전문의 내용 가운데 주요하다고 생각되는 대목을 추려 보면 다음과 같다.

한 국가에는 나라를 다스리는 큰 정책이 있는데 소나무에 관한 정책이 그 하나이다. 소나무는 전함(戰艦)을 만드는 재료가 되고 이것은 국방을 위해서 긴요한 것이다. 그리고 세금으로 거두어 들인 곡식을 서울로 운반해 오는 데에는 많은 선박이 필요한데 이것 또한 소나무로 만든다. 위로 궁궐을 짓고 아래로 백성들의 집을 짓는 재료도 소나무이다.

각종 생활 자원의 제공은 물론이고 심지어 죽은 자는 소나무 관에 담겨 세상을 하직하는 것이다. 이처럼 소나무의 쓰임새는 지대하므로 그 금양의 필요성이 지엄하다.

전국의 소나무 숲을 살펴 그 자원이 좋다고 생각되는 것을 봉산(封山)으로 지정해서 보호하는 숲이 많은 수에 이르고 있다. 이러한 봉산은 감독관과 산지기(山直)를 정해서 불법 개간과 묘지 설정을 엄하게 단속하고 상위 관청의 관리들도 이것을 살펴 단속에 임하여야 한다. 곧 생소나무나 말라 죽은 고송이나 불에 타 버린 소나무라 할지라도 한 나무 한 나무 기록해 두고 도벌의 유무를 알 수 있도록 해야 한다. 만일 도벌 사실이 있으면 그 내용을 조사해서 보고할 것이며 규정에 따라 엄하게 처벌할 것이다. 이러한 내용을 부패한 관리나 간교한 백성들에게 주지시켜 잘못을 미연에 방지하도록 할 것이다.

요새 이러한 법의 시행이 느슨해서 소나무 껍질을 벗기고는 흉년 때문이라고 핑계하고 나무를 베고서는 그 흔적을 감추어 버리고 개간을 하고 또는 묘지를 만들고서는 이미 오래 된 사실이라고 거짓말하여 산이 오늘날과 같이 헐벗게 된 것이다. 산에는 나무 씨를 뿌리고 나무를 심어야 하는 것인데 그러한 성의를 볼 수 없다. 진실로 통탄스러운 일이다.

감독관이 순찰 조사할 때 권세 있는 자에게 잘못이 있으면 뇌물을 받아 묵인해 주고 힘 없는 백성들에게는 울타리에 꽂은 막대기 하나를 핑계 삼아 고통을 주는 폐단이 심하다. 이처럼 뇌물로서 일삼으니 다음날이면 다시 나무에 도끼질을 하게 된다. 전국 모든 봉산이 병들어 있다. 지금으로부터는 상벌의 규정을 엄하게 하여 이러한 폐단을 없앨 것이다.

이상 전문의 내용으로 보아 약 200년 전 소나무에 대한 국가 정책의 중요성과 긴박성을 짐작할 수 있다. 봉산이라 하면 거의 소나무 숲을 대상으로 한 것이고 보면 소나무의 삼림 자원으로서의 가치가 어떠한 것인지를 짐작할 수 있다.

『만기요람(萬機要覽)』은 각 도의 봉산 수를 지역별로 나열하고 있으며 저명한 송산(松山)으로 호서의 안면도, 호남의 변산·완도·고돌도(古突島)·팔영산(八影山)·금오도·절어도(折爾島), 영남의 남해·거제, 해서의 순위(巡威)·장산곶(長山串), 관동의 설악산, 관북의 칠보산을 들고 있으나 파괴가 수반되고 있음을 지적했다.

소나무는 백 년을 기른 것이 아니면 동량재가 될 수 없으니 장기간 금양이 필요하다고 했다.

금송계의 사례

조선조 말경 우리나라 각처에서 소나무 숲을 보호하기 위해 백성들의 뜻으로 만들어진 금송계는 많았을 것으로 생각되나 오늘날 기록으로 남아 있는 것은 그 수가 많지 않다. 지금까지 알려진 금송계 또는 유사한 사례에는 다음과 같은 것이 있다. 금송계가 작성된 지리적 위치나 작성 연도가 불분명한 것도 있다.

1. 「송명동금송계첩(松明洞禁松契帖)」, 영조 39년(1763)
2. 「금송계좌목(禁松契座目)」, 무술(戊戌)
3. 「농암송계좌목(籠岩松契座目)」, 신해(辛亥), 경북 문경(?)
4. 「송계절목(松契節目)」, 철종 5년(1854), 갑인(甲寅), 부여현(扶餘縣)
5. 「송계절목」, 1860, 경신(庚申), 하동군
6. 「송계완의(完議)」, 임술(壬戌), 선산현(善山縣, ?), 남붕천(南鵬天) 등 편.
7. 「완도송전봉표절목(莞島松田封標節目)」, 순조 31년(1831), 전남 강진현
8. 「완의(完議)」, 을축(乙丑)
9. 「송금계입의(松禁契立議)」, 정해(丁亥)

이 가운데 「완도송전봉표절목」과 하동군 「송계절목」의 내용을 좀더 자세하게 살펴보기로 한다.

「완도송금절목(莞島松禁節目)」

이 절목은 「제도송금사목」이 제정된 뒤 40년이 지난 순조 31년 (1831) 전라남도 강진 지방에서 만들어진 것으로 제목이 「완도송전봉표절목」으로 되어 있다. 이보다 약 30년 뒤에 경남 하동군의 「송계절목」이 만들어졌다. 이런 것을 고려한다면 19세기 초부터 100여 년 동안은 우리나라 소나무 숲이 벌채로 말미암아 파손된 때가 아닌가 한다. 물론 20세기에 들어와서는 지나친 이용으로 본래의 뛰어난 모습을 크게 잃어 갔다.

완도 지방은 우량한 소나무 숲이 있어 선재봉산(船材封山)으로서 이름난 곳이었다. 이곳 송림의 파괴가 심하여 자원 보호를 위해서 이 절목이 만들어졌다.

전문이 있고 이어서 조목이 있는 것은 「제도송금사목」과 다를 바 없다. 뿐만 아니라 표현과 어휘에 있어서도 유사한 점이 많다. 「완도절목」에서는 소나무를 대송(大松), 중송(中松), 장래송(長來松)으로 나누고 그 수를 소상히 하여 한 나무 한 나무에 대해 보호 책임자를 지정하고 있다. 내용을 보면 대송 84그루, 중송 94그루, 장래송 397그루, 모두 575그루를 총 88명이 관리하도록 되어 있다. 별감관(別監官)이 19명, 감고(監考)가 19명, 산지기 50명 해서 모두 88명이다. 한 사람이 평균 7그루의 소나무를 담당하는 꼴이다.

절목을 보면 매우 엄하다는 것을 알 수 있다. 담당자들이 맡은 소나무의 범칙을 일찍 발견하고도 보고하지 못한 경우는 그 나무를 베어낸 자와 같은 벌을 준다는 것이고 나무에 올라가서 곁가지나 송진을 채집하는 일도 나무를 베는 행위와 같게 보아서 벌을 주며 산 속에 넘어져서 죽은 소나무라도 허가 없이 몰래 베어다 쓸 때에는 생소나무를 끊어 쓴 것과 동일시해서 처벌한다고 되어 있다.

그리고 소나무를 헤아려서 기록하고 조사년도 곧 식년(式年)마다 거듭 조사해서 대송, 중송, 장래송의 등급별 그루수를 다시 조정한다는 것은 매우 치밀한 분석이라 할 수 있다. 소나무를 지키는 일이 얼마나 중요했으면 이러한 절목까지 만들었겠는가 하는 생각이다.

하동군의 「송계절목」

이것은 5장으로 된 필사본인데 1860년 3월에 만들어졌다. 이것 역시 전문과 조목으로 되어 있다. 앞에 설명한 「제도송금사목」보다 약 70년 뒤에 만들어진 것이다. 갑자년(1804년 순조 때?)과 무신년(1848년 헌종 때?)에 「금송절목」이 반포된 바 있지만 여전히 그 폐단이 심하여 종전의 규정(절목)을 수정해서 이 절목을 만들었다. 이것이 부(府), 현(縣), 촌(村)에 알려져 잘 이행되기를 당부한다는 내용의 전문이 있다. 지켜야 할 규정은 다음과 같다.

1. 국가에서 지정한 봉산이든, 개인 소유 산이든 그 경계를 확실히 하고 마을에서 실천 항목을 만들어 단속할 것(이 대목이 중요하다).

2. 각 마을에서는 다섯 집을 모아 하나의 통(統)을 만들고 한 통 곧 다섯 집 안에서 도벌하는 사람이 있으면 통장도 함께 처벌한다(연대책임을 말한다).

3. 통장은 완력이 강한 자로 하고 그로 하여금 산감(山監)과 산지기를 차출해서 감시하도록 한다.

4. 기왕의 계조문의 내용은 그대로 적용하고 마을에서 세력을 부리는 자가 산을 넓게 차지하는 일은 엄하게 금한다(우리는 이 조항에 유의할 필요가 있다. 당시 삼림은 국유였고 땔감, 생활 용재 등을 얻기 위해서 백성들은 불가피하게 숲을 이용하지 않으면 안 되었다. 그런데 국가 정책이 해이해지면서 지방의 세력가들이 삼림을 점유해서 일반 백성들의 생활에 큰 지장을 주었으므로 힘 없는 백성들은 이러한 세력가에 대항하는 수단으로 금송계를 만들어 산을 보호한다는

명문도 내세우면서 이용의 자구책을 강구한 측면을 살필 수 있다. 조문 가운데 '호우배(豪右輩)'라는 문구는 다분히 이러한 뜻을 나타내는 것으로 생각된다. 이러한 용어는 「제도송금사목」에서도 찾아볼 수 있다).

5. 화전은 일체 용서하지 않으며 이에 개간한 곳이 산의 높은 곳이면 경작을 금지시키고 소나무를 심도록 한다.

6. 민가에 소용되는 소나무는 각별히 금단한다.

7. 마을에서는 한 달에 두 번(1일과 15일) 감찰한 내용을 알리고 잘못이 있으면 엄하게 다룬다.

끝으로 화개면(花開面), 진답면(陣畓面) 등 11개 면과 각 마을에서 차출된 감관, 산지기 각 1명씩의 이름이 수록되어 있다.

송전(松田), 금산(禁山), 봉산(封山)

조선시대 법률서인 『경국대전』 「공전」 재식조(栽植條)에 소나무와 그 밖의 수종에 대한 내용이 기록되어 있는데 그 내용은 서울 외곽의 산과 숲을 보호하기 위해서 금산(禁山) 제도를 마련한다는 것이다. 금산은 이른바 입산 금지를 말하는 것으로 그 곳에 나 있는 소나무를 키우기 위해서 일반인의 접근을 막고 나무의 벌채를 금한 산을 뜻한다.

금산은 『경국대전』에 나오는 용어로서 초기에 씌어진 것이며 뒤에 가서는 금산 대신에 봉산이란 용어가 나오고 있다. 특히 영조 및 정조 때에 이르러서 많이 사용되었다. 봉산은 큰 소나무를 나라의 수요에 충당하기 위해서 나무의 벌채를 금한 산을 말한다. 금산과 봉산은 거의 비슷한 뜻으로 해석되고 있다.

『만기요람』의 송정(松政)조에 보면 당시 우리나라에는 282개의 봉산이 있었고 그 가운데 황장봉산은 60처에 이른다고 했다. 황장봉산은 좋은 관재(棺材)를 생산하기 위한 봉산인데 굵은 소나무의 심재(心材)는 황색을 띠고 그 재질이 우수해서 붙인 말이다. 곧 황은 나무의 색깔을, 장은 나무의 심재 부분을 뜻한다. 황장목은 귀하고 값이 비싼 편인데 정다산 선생의 시에 "완도 앞바다 나무 가득 실은 배 황장목 한 그루면 천 냥 값이 된다네"라는 대목이 있다. 이것을 보아도 황장목이 귀한 것이었음을 알 수 있다.

'산불조심'의 자연석 표석 문경읍 상초리. 200년 전쯤의 것으로 추정.(1996. 1. 20.)

강원도 영월군 수주면 두산 2리 황장골 마을을 지나는 시내를 가로질러 황정교가 있고 이 교량 한 모퉁이에 폭 55센티미터, 높이 95센티미터 되는 흰색 돌 표면에 '황장금산(黃腸禁山)'이라고 음각이 되어 있다. 전하는 말에 의하면 이 표석은 조선 순조 2년(1802)에 세워졌는데 이 지역의 황장목을 보호하기 위한 것이었다.

강원도 인제군 북면 한계3리 안산 기슭에 남아 있는 옛 절터의 축대석(폭 140센티미터, 높이 120센티미터) 표면에 '黃腸禁山 自西古寒溪 至東界二十里'라고 음각되어 있다. 서쪽 한계리부터 동쪽 20리까지를 황장금산으로 한다는 내용이다.

치악산 구룡사 입구쪽 길가에 자흑색의 매끈한 돌에 '황장금표'라고 새겨진 표석이 있다. 그러나 황장목 운송을 맡았던 담당 관리가

'황장금산(黃腸禁山)' 표석 마을의 황장목을 보호
하기 위해 산에 오르는 것을 금한다는 표식으로
조선 순조 2년(1802)에 세워진 것이라 한다. 강원
도 영월군 수주면 두산2리 황장골 마을.(1994. 3. 5.)

'황장금산' 표석 강원도 인제군 북면 한계리 큰
절골.(1994. 3. 4.)

'황장금산' 표석 울
진군 소광리.(1995. 3.
28.)

'황장금표' 표석 치악산 구룡사 입구.(1995. 1. 19. 위)

'삼산봉표(蔘山封標)' 표석 가리왕산.(1994. 6. 10. 왼쪽)

'수릉향탄금계(綏陵香炭禁界)' 표석 대구 팔공산.(1995. 8. 10.)

마을 사람들의 뇌물을 받고 황장목을 몰래 빼돌리는 일을 함부로 했다는 기록이 있다.

경북 울진군 소광리에도 자연석(폭 245센티미터, 높이 195센티미터)에 황장봉산의 표석이 있는데 3, 4줄의 설명 내용은 글자의 마모로 판독이 어렵다.

경북 문경군 동로면 명전리에 화강암(높이 108센티미터)으로 된 '봉산'이라 새겨진 표석이 있다. 근처에 있는 산 이름이 황장산이고 이 표석은 숙종 6년(1680)에 세워진 것이라 한다.

대구 팔공산 중턱에는 '수릉향탄금계(綏陵香炭禁界)'라고 새긴 돌이 있는데 수릉의 제향에 쓰일 향목(香木)과 숯을 공납하는 숲으로서 그 보존을 명기하였다.

참고로 가리왕산 산정 근처에 있는 '강릉부 삼산봉표(江陵府蔘山封標)' 표석은 산삼 채굴을 금지한 것이다. 아래에 정선계(旌善界) 지명마항(地名馬項)이란 음각이 뚜렷하다.

'봉산(封山)' 표석 경북 문경 동로면 명전리.(1995. 11. 27.)

소나무의 일생

생식과 수명

소나무는 고등식물이며 나자식물이다. 나자식물은 피자식물과는 다른 양식의 일생을 보낸다. 여기서 일생이라 하는 것은 어버이 나무에서 새로운 어린 생명이 탄생하고 그들이 자라서 다시 어버이 나무가 되어 또 다음 자손을 만들어 생명이 이어지는 생활환(生活環)을 뜻한다. 생활환은 세대 교대(世代交代)라고도 하며 생존의 고리라고도 할 수 있다.

세대 교대가 이루어질 수 있는 것은 어버이 나무가 생식기관을 발달시키고 생식세포를 만들어 내고 정받이를 할 수 있기 때문이다. 암꽃의 배주 안에 난모세포가 나타나 배낭을 만들고 배낭 안에는 난핵(卵核)이 형성된다. 이때 난핵을 자성배우자(雌性配偶子)라 부른다. 수꽃의 약(葯) 안에 있는 화분 모세포는 감수분열을 해서 화분을 만든다. 화분은 자라서 그 안에 정핵을 만들게 되며 정핵을 웅성배우자(雄性配偶子)라 한다. 암수 두 배우자가 합쳐지는 현상이 곧 수정(정받이)이다.

소나무 수형목 경북 110호
경북 울진군 서면 소광리.
(1985.)

소나무의 몸세포 안에는 24개의 염색체가 들어 있다. 이때 모양이 같고 관여하는 유전 정보가 같은 염색체가 각기 짝을 이루어 소나무의 몸세포 안에는 12쌍의 염색체가 있게 된다. 12개를 한 세트(또는 組)로 한다면 한 개의 몸세포 안에는 2세트의 염색체가 들어 있게 된다. 2세트를 기호 2n으로 나타내며 이것을 이배체(二倍體) 또는 복상(複相)이라고 말한다. 우리가 볼 수 있는 모든 소나무는 이배체인 것이다.

화분과 배낭은 한 세트의 염색체를 가지고 있어서 일배체 곧 단상(單相)이다. 난모세포와 화분 모세포는 이배체이므로 성적(性的)인 단계에 있지 않다. 말하자면 아직 무성세대이다. 그러나 배낭과 화분은 일배체(n)로서 성세포의 자격을 갖추고 있다. 그래서 이들은 유성세대에 들어서게 된 것이다. 이들은 앞으로 세포 분열을 해서 난핵과 정핵을 만들어 내므로 배우체(配偶體)라 한다. 그리고 난핵과 정핵을 배우자(配偶子)라 부른다. 이처럼 소나무의 생활환은 무성세대(2n의 시대)와 유성세대(n의 시대)로 나누어 살필 수 있다.

소나무 꽃은 4월 하순부터 5월 상순 사이에 핀다. 노란 송홧가루가 바람을 타고 날 때에는 콩알보다도 작은 암꽃이 피는데 암꽃은 구화(球花)로서 많은 꽃(종편, 실편, 인편 등의 모임)이 모여서 된 것이고 나중에 솔방울로 된다. 종편 아래쪽에 두 개의 배주가 붙어 있다.

암꽃에 꽃잎은 없지만 때가 오면 종편이 분홍색으로 변한다. 이것이 바로 개화 시기의 현상이다. 동물도 사춘기가 되면 붉게 부풀어 오르는 법인데 소나무도 그 예외일 수 없다. 난세포를 둘러싸고 있는 주피가 입을 열어 주공이라는 구멍을 만드는데 이 구멍 안에는 끈적끈적한 물(주액)이 차 있다. 이때 바람을 타고 날아온 화분이 주공의 주액에 닿으면 주액은 썰물 현상을 보여 주공 안은 건조 상태에 이르게 된다. 썰물에 따라 화분은 난세포에 가까운 배주 조직의 표면에

개화를 앞둔 수꽃 4월 하순. 수원.(위)

시들고 있는 수꽃 5월 중순. 수원.(왼쪽)

정착하게 된다. 이 현상을 수분이라 하고 4월 하순에서 5월 상순에 걸쳐 이루어진다.

화분이 도착한 곳을 주두적 표면(柱頭的表面)이라고 말하는데 이것은 피자식물의 주두에 화분이 도착하는 현상에 견주어 만든 말이다.

도착한 화분은 화분 표면에 있는 구멍을 통해서 뿌리를 내리기 시작한다. 이것을 화분 발아라 하는데 배낭 안의 난세포를 찾아 나서는 나그네길의 출발인 것이다. 세포를 뚫고 또 뚫으면서 나아가지만 1년 동안 4, 5개의 세포를 뚫을 뿐이다. 지지부진한 작업이다. 그해 가을이 오면 화분관의 자람은 중단되고 겨울 동안 잠을 자게 된다. 다음해 봄이 오면 화분관은 다시 자람을 시작해서 6월 초쯤이 되면 화분관의 끝이 난핵세포에 도달한다. 이때 화분관의 끝이 파열되고 그 안에 들어 있던 정핵(또는 웅핵)이 화분관 세포액의 힘찬 흐름에 휘말려 난핵에 도달하게 된다. 이것을 수정이라 한다. 동물의 사정 현상과 매우 비슷하다.

이러한 수정이 이루어질 때 배낭 안에는 이미 배유세포가 많이 만들어져 있다. 난핵이 정핵을 받아 배로 발달하고 있을 때는 배유 조직이 만들어져 있어서 배는 배유 조직을 뚫고 성장을 하게 된다. 배유 조직은 장차 배에 영향을 공급하기 위한 준비물인 것이다. 그런데 이때 배낭 안에는 두 개의 난핵이 있고 각 난핵은 정핵을 받아 자라다가 그 가운데 하나는 자람을 중단하고 희생이 되어 다른 한쪽 배에 영양을 공급하게 된다. 그래서 종자 하나 안에는 한 개의 배가 있게 된다. 드문 일이기는 하지만 두 개의 수정된 난핵이 모두 자라나서 한 개의 종자 안에 두 개의 배가 형성되는 일도 있다. 쌍둥이 종자라고 할 수 있다. 이때의 솔방울은 지난해에 자란 가지의 끝 다시 말해서 금년도에 자란 가지의 아래쪽에 모여서 달리는데 달걀 모양이다.

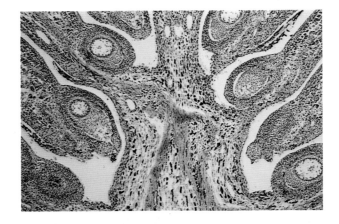

구과의 종단면 5월에 수분된 것을 그해 겨울 촬영한 것이다.

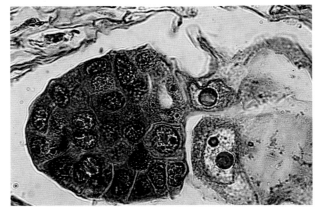

자라고 있는 어린 배

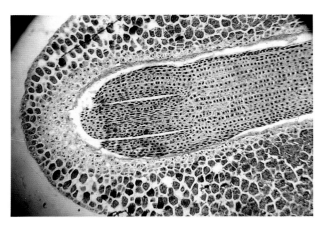

상당히 성장한 배의 상반부

솔방울 곧 구과에는 많은 종린(種鱗)이 과축에 나선상으로 붙어 있는데 그 수가 70에서 100개에 이른다. 종린의 중앙 돌기는 발달이 미약한 편이고 성숙하면 자연적으로 터져서 종자가 떨어진다.

종자에는 날개가 달려 있는데 날개와 종자는 분리되어 있고 종자에 부착하는 날개의 부분은 환절(環節)이 발달해 있다. 날개는 어디까지나 어미나무의 몸세포 부분이 발달한 것으로 개체변이(個體變異)의 특징을 잘 나타내 준다.

다시 말해서 종자 날개의 모양과 색깔 등은 개체내 변이가 거의 없고 개체간 변이는 뚜렷하다. 종자 길이는 5 내지 6밀리미터이나 나무 나이가 많아지면 종자 크기가 작아진다.

가을에 채집한 솔씨는 건조한 상태로 겨울을 나게 하고 다음해 봄에 뿌리면 싹이 잘 튼다. 자엽이 땅 위로 올라올 때 처음에는 종피를 덮어 쓴 채인데 며칠이 지나면 자연적으로 종피는 떨어진다. 자엽은 두 개씩 모여서 나는 침엽과 달리 홀로 나는 원시엽(原始葉)이다. 구과식물의 종자 자엽수는 메타세콰이어, 세콰이어처럼 2개인 것도 있으나 일반적으로 그 수가 많다. 말하자면 다자엽식물이다. 소나무는 1년생 묘목 시대에는 조직이 유연하고 주변 잡초와의 경쟁에 약해서 각종 토양 병균의 침해를 잘 받는다.

자람의 속도를 보면 20 내지 30년생의 장령 때까지는 우리나라 침엽수종 가운데 해송 다음으로 빠르다. 땅의 조건에 따라 자람의 경과에는 큰 차를 보이나 같은 입지에서는 뒤에 가서 해송의 자람을 능가하게 된다.

소나무의 수명은 비교적 긴 편이나 500, 600년이 지나면 노쇠하게 되어 이만한 수명의 나무는 찾아보기 힘들다.

구과의 발달 과정

개화 상태의 구과

구과의 성장(수분 3개월 뒤)

구과의 성장(수분 12개월 뒤)

성숙한 구과(수분 18개월 뒤)

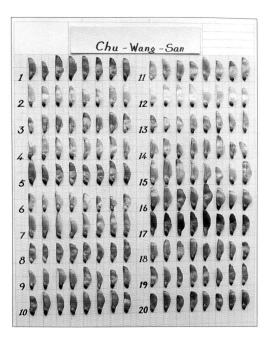

Chu-Wang-San

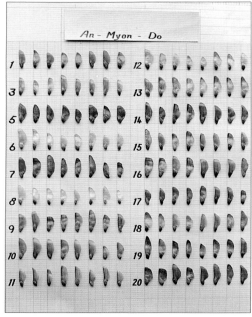

An-Myon-Do

종자 날개에 따른 개체 변이 종자에는 날개가 달려 있는데 날개와 종자는 분리되어 있고 종자에 부착하는 날개의 부분은 환절이 발달해 있다. 날개는 어디까지나 어미 나무의 몸세포 부분이 발달한 것으로 개체 변이의 특징을 잘 나타내 준다. 다시 말해서 종자 날개의 모양과 색깔 등은 개체내 변이가 거의 없고 개체간 변이는 뚜렷하다. 사진은 주왕산 소나무(왼쪽)와 안면도 소나무(아래)의 종자 날개.

생태형

생태형의 뜻은 다음과 같이 설명할 수 있다.

넓은 분포 면적을 가지는 수종 A가 있다고 하자. A종이 자라고 있는 분포 영역 안에는 건조한 곳, 습한 곳, 높은 곳, 낮은 곳, 따뜻한 곳, 한랭한 곳, 산성 땅, 알칼리성 땅, 내륙과 해안, 위도가 높은 곳, 위도가 낮은 곳, 사질 토양, 점질 토양 등등 변화가 많을 수 있다. 이때 A종은 환경에 따라 그 곳에 알맞은 개체가 남게 되고 적응하기 어려운 개체는 도태되어 소멸해 버린다.

이러한 일이 길고 긴 지질시대 시간을 통해서 이루어질 때 그 특수환경에 적응한 개체가 증가해서 환경 차에 의한 형질의 분화가 일어나게 된다. 건조한 곳에서 A종은 가령 A-1이라는 생태형을 만들게 되고 습한 환경에서는 A-2라는 생태형을 만들게 된다. 따라서 생태형은 어떤 환경 지역 안에서 유전적으로 고정된 개체군이다. 형태적으로 또 생리적으로 유전적 차이가 있게 된다. 이처럼 생태형이란 공동종(共同種)의 최소 단위 개체군으로 이해할 수 있다.

우리나라에서 소나무보다 더 넓은 분포 구역과 분포 면적을 가진 식물종은 없다. 소나무가 자라고 있는 환경(입지) 인자를 보면 매우 다양하다. 그렇다면 이것이 바탕이 되어 소나무의 생태형이 만들어지고 있는가. 이에 대한 연구가 거의 없다시피한 지금에 있어서 무어라 말할 수는 없으나 1928년 우에끼 박사가 우리나라 소나무의 지방형을 제시한 바 있다. 지역적 품종이란 개념으로 파악될 수 있다.

우에끼 박사는 여섯 가지 지역형을 내세웠다. 그 분포 경계를 그의 논문 서술에 따라 정리해 보면 이렇다. 여섯 가지 지역형이란 동북형(東北型), 금강형(金剛型), 중남부평지형(中南部平地型), 위봉형(威鳳型), 안강형(安康型), 중남부고지형(中南部高地型)을 말한다.

이 가운데 금강형 소나무가 가장 주목을 받고 있는데 그것은 재질
이 치밀하고 연륜 폭이 좁고 아름다운 데 있다. 가구재, 건축재, 가공

한국산 소나무의 지역형

형	수형	기후	지질
동북형	줄기가 굵고 곧으며 수관은 달걀 모양이며 지하고가 짧다. 산송형(傘松型) f. *umbeliformis*라고 한다.	기온이 낮고 강우량이 적으며 건조한 편이고 날씨가 맑고 저온이 급히 온다.	화강암, 편마암, 반암(斑岩)
금강형	줄기가 곧고 가지가 가늘고 수관이 좁다. 지하고가 길다. 금강형 f. *erecta*라고 한다.	강수량이 일반적으로 많고 습도 역시 높은 편이다.	화강암, 편마암, 석회암
중남부 평지형	줄기가 굽고 수관이 얇고 옆으로 퍼진다. 지하고가 길다.	기온이 높고 건조한 편이다.	화강암, 편마암
위봉형	50년생까지는 전나무의 모양을 닮았다. 곧 수관이 좁다. 뒤에 가서는 수관이 옆으로 퍼지고 줄기의 신장생장이 늦어진다.	연 강수량 1,300 밀리미터 이상이고 가장 비가 많은 곳이다. 특히 6월의 우량이 많다.	편마암, 반암
안강형	줄기가 매우 굽는다. 수관은 위가 평평하다. 사람, 기후, 토질이 이와 같은 수형을 만든 것으로 생각된다.	여름철의 강우량이 가장 적은 곳이다. 6월과 7월의 평균 온도차가 크고 7~8월간의 차이는 작다.	반암, 혈암, 황적색토 그리고 나지(裸地)가 많다.
중남부 고지형	금강형과 중남부 평지형의 중간형으로서 표고, 방위, 기후에 따라 금강형 또는 중남부 평지형에 가까워진다.		

재로 가장 귀하게 여겨지고 있는 것이다. 강원도 태백산맥계(금강산계)의 산허리, 산골짜기 그리고 경북 북부 지방에 나는 것이다.

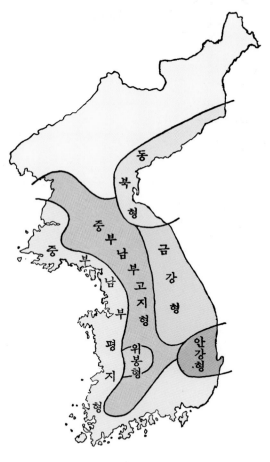

소나무형의 분포 지역

한국산 소나무의 형을 도형화하여 본 것

1. 동북형 2. 금강형 3. 중남부평지형 4. 위봉형 5. 안강형

　춘양목이란 춘양 부근에 나는 좋은 소나무만을 지칭하는 것은 아니고 강원도, 경북 북부 등 태백산맥계의 우량 소나무를 통칭한 것으로 해석된다. 다만 지난날 춘양 지방에서 결 좋은 소나무재가 많이 생산되었고 상품적 거래가 많아서 좋은 소나무는 춘양목으로 일컫게 된 것으로 믿어진다. 춘양목으로 만든 가구나 기구는 변형됨이 없이 오래 가고 결이 아름다워서 귀중하게 여겨져 왔다.

　금강형 소나무가 우수한 수형을 가지는 이유로, 5월과 6월경 비교적 온도가 낮을 때 최고 온도의 월간 차가 심하고 성장이 가장 왕성한 6월과 7월에 온도 차가 작은 것이 줄기를 곧게 하고 재질을 우량하게 한다는 지적이 있으나 온도 자극이 줄기를 곧게 하는 이유는 설명하기 어렵다.

　또 한 가지 근거로 금강형 소나무는 내륙 지방의 소나무와 바닷가의 해송이 교잡되어 생겨난 잡종성이기에 우량 형질을 나타낸다는

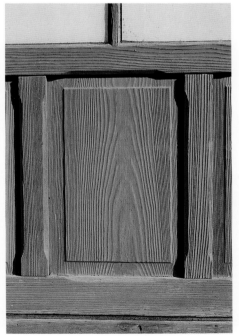

춘양목의 횡단면(위)**과 판재**(왼쪽) 춘양목은 춘양 부근에서 나는 좋은 소나무만을 지칭하는 것이 아니라 강원도, 경북 북부 등 태백산맥계의 우량 소나무를 통칭한 것으로 해석된다. 춘양목으로 만든 가구는 변형됨 없이 오래 가고 결이 아름다워서 귀중하게 여겨져 왔다.

것이다. 금강형의 대표적 우량형은 금강산 일대에서 찾아볼 수 있는
데 그 곳은 지난날부터 해송의 분포 영역과는 너무 동떨어진 곳이고
보면 이러한 설명은 설자리를 잃는다.

　소나무 줄기가 곧게 자라는 것은 우리가 바라는 바인데 직간성(直
幹性) 소나무가 형성되려면 봄에 새순이 자라날 때 중심축(中心軸)의
순이, 이를 둘러싸면서 자라는 측방(側方)의 순보다 세력이 왕성하고
따라서 더 길게 올라가야 한다. 이것을 정아 우세 현상(頂芽優勢現象)
이라 한다. 만일 정아의 자람이 측아의 자람보다 늦고 세력이 약할
때 그 나무의 줄기는 굽게 된다. 이러한 현상은 다분히 그 나무의 유
전성에 좌우되는 것으로 짐작되고 있다. 따라서 사람 또는 다른 동물,

소나무의 정아 우세　정아 우세 현상
(apical dominance)은 중심축의 새순이,
이를 둘러싸면서 자라는 측방의 순보
다 세력이 왕성하고 길게 자라나는 것
을 말하며 이로써 직간성(直幹性) 소
나무를 형성하게 된다. 수원 임목육종
연구소(1995. 7. 5.)

곤충 등의 해를 받아 주축이 꺾어지면 그 나무의 줄기는 굽게 된다.

동북형과 아울러 금강형은 줄기가 곧다는 것이 큰 특징인데 이것은 겨울에 눈이 많이 내리는 지대에서 설압(雪壓)에 견딜 수 있는 곧은 줄기의 소나무만이 살아 남게 되고 줄기 굽은 소나무는 눈으로 도태되어 세대가 거듭되는 데 따라 곡간성(曲幹性) 유전자가 상실되었기 때문이다. 스칸디나비아 반도, 독일, 알래스카, 캐나다, 미국 북부 등 눈이 많은 곳에 나는 나무는 모조리 줄기가 곧고 가지가 가늘고 수관이 좁다. 이것은 눈을 이겨 내는 데 갖추어야 할 조건이라 할 수 있다. 그렇지 않으면 독일 가문비나무처럼 아래로 드리우는 강인한 가는 가지를 가져서 눈에 대처할 수밖에 없다. 금강형 소나무의 수형은 눈이 만들어 낸 조형물이라고 해석하는 것이 타당할 것이다.

소나무는 벌채에 많이 이용되어 통계적으로 본 어떤 지역의 수형에는 변화가 초래되고 있다. 곧은 줄기의 소나무가 선택적으로 이용되었기 때문이다. 옛말에 직목선벌(直木先伐)이란 말이 있다. 유전적으로 굽은 줄기의 소나무는 다음 세대의 소나무를 만들 때 더 굽은 개체를 만들어 낼 확률이 높다. 곧은 줄기의 나무는 곧은 줄기의 소나무를 더 만들어 낸다. 또한 소나무의 수형은 연령의 경과에 따라서도 변화한다. 우에끼 교수의 지역 품종의 내력은 더 연구 검토될 필요가 있다.

균근

대부분의 나무는 그 뿌리가 곰팡이(絲狀菌)와 함께 살아가고 있다. 소나무 어린 털뿌리의 피층(皮層, cortex)세포 간극에는 균체가 있다. 피층이라 하면 식물의 기본 조직계의 하나로서 표피와 중심주(中心

柱) 사이를 말하고 안쪽에 있어서는 중심주에 접한다.

뿌리 표면 밖으로 균사가 발달하고 이 결과 뿌리와 흙이 격리되는 일이 많다. 균사는 흙으로부터 물과 양료를 흡수하고 이것을 기주식물인 소나무에 공급해서 도움을 준다. 뿌리와 균이 모여서 만들어 내는 공동체를 균근(菌根, mycorrhiza)이라고 한다. 이때 균은 뿌리의 피층에만 침입할 뿐 정단분열조직(頂端分裂組織)과 유관계의 중심주에는 들어가지 않는다.

소나무 균근균의 균사는 밖으로 나와 뿌리의 표면을 빽빽하게 덮어 두꺼운 균투(菌套)를 형성한다. 이때 뿌리 모양이 약간 비대해져서 산호상, 구상 또는 포오크(fork)상 등으로 된다.

소나무 뿌리에는 균근균이 공생하여 균근을 만들어야 건전한 생활을 할 수 있다. 피층세포의 간극에 있던 균사는 결국에 가서는 기주식물에 흡수되고 만다.

균사가 털뿌리의 표면에 발달할 때 이것을 외생균근으로 말한다. 송이버섯은 외생균근의 자실체(子實體)이다.

송이는 소나무가 서 있는 숲에 줄로 나타나기도 하고 둥근 원주(圓周) 위에 나란히 나기도 한다. 송이버섯 아래쪽을 파 보면 흰색 균사가 땅 속에 퍼져 있고 균사가 층(層)을 이루고 있다. 이층의 외곽 쪽에는 균사와 균근의 덩어리가 관찰되지만 버섯이 난 원주의 안쪽에서는 균사가 가루처럼 되고 균근도 죽어 있다.

송이의 한평생을 보면 다른 버섯 종류와 비슷하게 포자(胞子)부터 시작한다. 버섯의 갓에서 포자가 땅에 떨어지고 이것이 소나무 털뿌리에 닿아서 싹이 트고 뿌리 속으로 들어가서 균근을 형성하게 된다. 주변에 건강한 어린 뿌리가 많으면 곧잘 균근이 만들어진다. 균근이 발달하면 균사 층이 두터워지고 3 내지 4년쯤 되면 송이버섯을 만들기 시작한다. 송이버섯이 발생하게 되면 안쪽(나무 쪽)의 균사는 죽게 되나 확장해 나가는 바깥쪽의 것은 살아 남아서 관찰된 결과에 따르면 해마다 10 내지 15센티미터씩 나아간다. 일단 송이가 나는 터전이 만들어지면 30 내지 40년 동안은 계속해서 송이가 나게 된다.

이처럼 송이를 만드는 균이 오래 산다는 것은 그만큼 강한 힘을 지니고 있다는 것을 뜻한다. 송이의 균사가 어린 소나무 뿌리에 붙게 되면 뿌리의 자람은 왕성하게 되고 곁뿌리도 잘 만들어지며 외곽으로 뻗어 방사상으로 전개해 나간다.

그러나 한편으로 송이의 균은 약한 면도 가지고 있다. 그것은 다른 미생물의 영향을 받을 수 있고 또 버섯이 자라기 어려운 척박한 땅 속에서 생활하기 때문이다. 그러나 송이의 균사는 항생 물질을 내어서 땅 속의 다른 미생물을 좇아 내고 자기의 생활 터전을 소독하면서 앞으로 나아간다.

그러나 낙엽이 땅에 두텁게 쌓여서 땅이 비옥하게 되면 다른 미생물이 자리를 잡게 되고 소나무 이외의 다른 나무 뿌리에 균근을 만드는 버섯이 늘어나게 되고 그 사이에 싸움이 벌어진다.

송이균이 소나무 뿌리와 공생하면서 해마다 밖으로 퍼져 나가기 때문에 송이는 수레바퀴 모양의 원을 그리면서 나타나게 된다. 서양 사람들은 이러한 원형에 주목하여 '요정의 바퀴(妖精의 輪)' 또는 '훼어리 링(fairy ring)'으로 표현했다.

이러한 훼어리 링을 만드는 균에는 송이균 이외에도 여러 가지가 있다. 훼어리 링의 직경은 수십 미터에서 수 킬로미터에 이르는 것이 관찰되고 있다.

이러한 것은 유럽과 같은 평지림이나 풀밭에서 관찰된 것인데 흙의 조건이 비슷하고 영양의 원료가 되는 뿌리가 있으면 얼마든지 자랄 수 있다는 것을 말해 준다. 송이는 식용 가치에 있어서 모든 버섯의 우두머리이다.

■소나무 뿌리와 균근

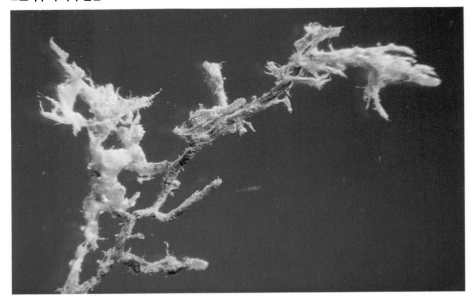

왕성한 발달을 보이는 소나무 균근

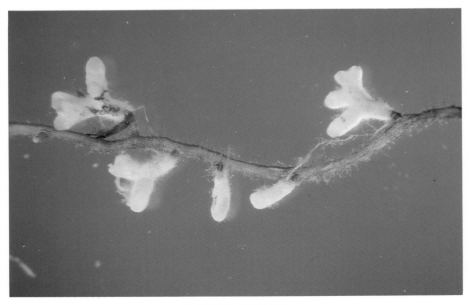

어린 뿌리에 발달한 균근

송이버섯은 균근의 꽃(생식기) 경북 울진군

법주사 정이품송의 균근

소나무 숲의 세대 교체

지구상에서는 여러 가지 종류의 생물들이 모여서 사회를 만들고 있다. 사회를 만들고 있다는 것은 그 구성 개체들이 서로 영향을 주고받으면서 조화를 이루어 살아가고 있음을 말한다. 우리는 그 사회를 구성하고 있는 식물의 종류와 그 공간적 구성 상태 그리고 그 곳을 지배하고 있는 환경 조건 등을 참작해서 식물 사회의 경계선을 그을 수 있다.

어떤 생물 집단에 소나무가 많은 경우 또 참나무 종류가 많은 경우는 곧 종의 조성으로 보아 구별이 될 수 있다. 또 키가 높게 자라는 교목으로 된 식물 사회와 키가 낮은 관목(灌木, shrubs)으로 된 것이 있을 때 곧 생육형(growth form)이 서로 다를 때 우리는 눈으로 보고 그 식물 사회를 구별할 수 있다. 이러한 모습을 생태학에 있어서는 상관(相觀)으로 말한다.

어떤 곳에 나타나고 있는 식물 사회는 끊임없이 그 내용이 변화하면서 어느 방향을 향해서 나아가고 있다. 이것은 인류 사회와도 비슷하다. 백년 전의 사회와 오늘의 사회는 여러 면으로 다르고 백년 뒤의 사회는 오늘과 무척 달라질 것이다. 인과 관계 때문에 식물 사회도 이처럼 변화의 길을 걷고 있다.

가령 식물이 전연 없는 황무지가 있다고 하자. 세월이 지나면 이곳에는 먼저 건조에 강한 이끼 등 하등식물이 들어와서 살게 되고 그 뒤 또 시간이 지나면 이러한 하등식물 사회는 없어지고 일년생 풀이 들어서게 된다. 일년생 풀이 살아가는 동안 그들은 그 곳에 새로운 환경을 만들게 된다. 이것을 '환경 형성 작용'이라 부른다. 일년생 초류가 만들어 낸 환경에 그들은 스스로 멸망하게 되고 그 환경은 다년생 초류의 침입을 받아들이게 된다. 이처럼 환경은 그 곳에 나타날

식물 사회를 결정하게 된다. 이것을 우리는 '환경 작용'이라고 말한다. 비슷한 과정을 거쳐서 다년생 풀의 사회는 양성 관목의 침입을 허용하고 그들은 그 곳에서 사라지게 된다. 이어서 양성 관목림은 양성의 교목림 사회를 발달시킨다. 양성의 교목림은 음성의 교목림에 그 자리를 양보하게 된다.

이처럼 자연 상태에서 어떤 장소 위의 식물 사회는 환경의 변화를 수반하면서 동시에 변천을 거듭하게 된다. 이러한 변화 과정을 천이 (遷移, plant succession)라고 말한다. 천이가 진행되어서 그 곳에서는 그 이상 더 나아가지 못하고 안정된 식물 사회의 상태에 머무르게 되는데 이러한 식물 사회를 극상(極相, climax)이라고 한다. 극상의 식물 사회는 산불이라든가 태풍 또는 기상 피해 등으로 파괴되지 않는 이상 안정된 상태를 유지해 나가는 것으로 여겨진다.

강수량, 온도, 일조(日照) 등 기후 조건이 비슷하면 그 곳에 나타나는 극상의 내용 곧 종의 조성과 생활형(교목, 관목 등)은 비슷하게 된다는 단극상설(單極相說)이 있는가 하면 그 안에 있어서도 토양, 지형 등 토지의 조건이 특이하면 이에 적합한 극상이 만들어져 오랜 세월 동안 그 곳을 차지한다는 다극상설(多極相說)이 있다. 앞의 것을 기후적 극상, 뒤의 것을 토지적 극상으로 말한다.

우리나라 중부 지방에 넓게 분포해 있는 소나무는 양성의 교목림인데 천이 이론에 따르면 이 숲의 사회는 결국 변화해서 서어나무류, 참나무류 등 극상 수종으로 낙엽활엽수림으로 된다는 것이다. 소나무 숲처럼 극상 바로 이전의 식물 사회를 아극상이라 하고 소나무를 아극상 수종으로 부른다.

그런데 우리나라에서는 소나무가 오랜 세월을 통해서 다른 수종에게 그 자리를 양보하지 않고 계속 집단을 유지해 오고 있는 경우를 흔히 볼 수 있다. 이러한 때 토지적 극상을 시인할 수 있다. 인간이 지각할 수 있는 시간의 길이로 보아 소나무의 사회는 너무나 오래도록 그 곳을 계속 점유하고 있기 때문이다. 말하자면 다극상 이론을 받아들이게 된다.

강원도 외설악에서는 산 능선에 소나무가 서 있고 능선 이하 부분에는 낙엽활엽수종이 서 있는 것을 볼 수 있다. 산 능선부는 토양이 건조하고 흙이 적어서 활엽수종이 침입하기 어렵다. 소나무는 이곳을

강원도 외설악의 소나무 외설악에서는 산 능선에 소나무가 서 있고(검은색의 줄로 보인다) 능선 이하 부분에는 낙엽활엽수종이 서 있는 것을 볼 수 있다. 산 능선부는 토양이 건조하고 흙이 적어서 활엽수종이 침입하기 어려운데 이렇게 환경에 따라 살아가는 곳을 나누어 차지하는 것을 분서 현상이라 한다.(1983. 5. 8.)

쉽게 활엽수종에게 양보하지 않는 것이다. 그러한 환경에서는 소나무가 경쟁에 이겨 승리자로 된다. 이와 같이 살아가는 곳을 나누어 차지하는 현상을 분서 현상(分棲現象)이라 한다.

그런가 하면 낮은 곳에 소나무의 순림이 있는 것을 흔히 볼 수 있는데 여기에는 오랜 세월과 그 바탕이 되는 사연이 있다. 지난날 우리나라의 숲 이용 형태를 보면 소나무를 숭상하는 사조가 있었고 소나무 이외의 나무는 소위 잡목으로 취급해서 가볍게 보았다. 막대한 양의 땔감을 산에서 얻을 때 참나무류, 단풍나무류, 느릅나무류 등 활엽수종은 마구 베어서 썼으나 소나무만은 손을 대는 데 꺼렸다. 그래서 사람이 사는 촌락 근처의 산에는 소나무가 성하게 되었다. 말하자면 인류의 문명이 발달함에 따라 소나무 숲은 세력을 확장해 나갔다. 만일 땅의 조건이 비교적 좋다고 생각되는 곳의 소나무 숲을 인간이 간섭하지 않고 그래로 둔다면 그 곳에는 활엽수종이 들어오고 긴 세월이 지나면 소나무는 자취를 감추게 될 것이다.

반대로 현재 낙엽활엽수종이 모여서 숲을 이루고 있는 곳에 인간이 간섭을 하게 되면 그 숲이 파괴되고 공지가 생겨 소나무를 불러들이게 된다. 곧 역방향으로 식물 사회의 변화가 진행될 것이다.

소나무 숲을 사람이 간섭해서 땅의 생산성을 낮추어 간다면 그 곳에 나는 소나무는 키가 낮아지고 가지만 옆으로 뻗어 나가며 뿌리가 넓게 발달하게 된다. 그 나무의 에너지는 지상부를 위해서 이용되지 않고 살아 남기 위해서 뿌리에 이용된다.

만약 가을에 솔씨가 떨어진 땅이 햇볕을 잘 받는 광물질 토양이라면 싹이 잘 터서 잘 자라게 된다. 이것은 소나무가 어릴 때 햇볕을 필요로 하는 양성의 나무이기 때문이다. 솔씨는 풀밭이나 높은 나무 아래 그늘이 짙은 곳에서는 싹을 틔우지 못한다. 그러나 드문드문 서 있는 소나무의 노령림 아래에서는 자람을 계속할 수 있다. 떨어진 솔잎은 솔씨의 싹틈을 억제하는 성분을 포함하고 있다. 따라서 솔잎이 채취되어 광물질 토양이 노출된 곳에서는 싹틈이 잘된다.

우리나라의 숲이 인간의 생존을 위해서 극상으로 되어야 하느냐 또는 낙엽송, 소나무처럼 아극상의 상태로 머물러 있는 것이 좋으냐 하는 문제를 제기해 볼 수 있다. 근래 숲의 환경적 효용, 가령 물, 공기, 보건 휴양, 야생동물 보호, 토양 보전, 아름다운 경관의 조성, 미래를 대비한 다양한 유전 자원의 보존 등을 들어 극상림의 가치가 높게 평가되는 경향이 있다. 이러한 견지로서는 소나무 숲의 가치가 다소 뒤로 처질 가능성이 있으나 우리는 물질적 생활을 충족시키기 위해서 그에 알맞는 소나무 목재를 필요로 하기 때문에 소나무 숲의 육성 보호 또한 긴요한 것이다.

지난날 산에 소나무 묘목을 심어서 소나무 숲을 만든 일은 거의 없었다. 큰 나무에서 종자가 떨어져 어린 나무가 자라나서 다음 세대의 숲을 만들어 왔다. 이러한 세대 교체를 천연갱신(天然更新)이라 하고 사람이 묘목을 심어서 세대를 바꾸어 주는 것을 인공갱신이라 한다. 근래에는 우량한 묘목을 심어서 소나무 숲을 만드는 일을 한다.

정다산 선생이 지은 『목민심서』 「공전(工典)」 산림조에 "바람이 불면 솔씨가 떨어져서 자연히 수풀을 이루는 것이니 이것을 잘 보호하면 그만이지 무엇 때문에 심어야 한단 말인가" 하는 기록이 있다. 소나무는 천연갱신으로 세대 교체가 잘 될 수 있다는 뜻이 암시되어 있다. 지난날 소나무는 거의 모두가 이처럼 자연적으로 생겨났다.

소나무의 갱신에 있어서 산불이 큰 영향을 미쳐서 오늘날 우리가 흔히 보는 솔숲을 형성하게 되었다는 연구가 있다. 곧 어떤 시간 간격을 두고 주기적으로 산불이 발생할 때 그 식물 사회의 천이 진행이 억제되고 소나무 순림이 만들어져서 그 자람을 이롭게 한다는 것이다. 일본에서는 현재 흔한 소나무 숲의 대부분은 인간이 자연 식생을 파괴하고 난 뒤에 성립된 것이고 그 뒤에 벌목, 풀깎기, 산불놓기 등의 관리에 의해서 유지되어 온 대상식생(代償植生)으로 추측하고 있다. 또한 1,500~2,000년 전 농경 문화가 확대되면서 소나무 숲도 확대되어 갔다고 본다.

쓰임새

우리를 소나무 문화 민족이라고까지 말하는 것은 우리의 정신적, 물질적 삶이 소나무와 깊은 관련을 가졌기 때문이다.

지구상의 국가는 그 곳에 나타나는 기후 풍토가 달라 환경에 적합한 나무들이 나서 특유의 숲을 형성하게 되었고 인간의 생존은 자연 자원의 질과 양에 큰 영향을 받아 독특한 생존 양식과 문명을 만들어 내면서 역사를 창조해 왔다. 우리나라에는 소나무가 가장 넓은 면적을 차지하고 있고 목재라는 물량으로 보아도 가장 앞서고 있다. 소나무가 어느 때부터 이처럼 우리 산야의 주인공이 되었는지 짐작하기 어려우나 인구가 늘어나면서 생활 자원으로 소나무가 대량 소비되면서 그 세력이 더욱 확장되었다고 믿어진다.

『삼국사기』「신라본기」에는 헌강왕(憲康王) 때 "지금 경주의 민가에서는 집을 기와로 덮고 짚으로 잇지 아니하며 밥을 짓되 숯으로 하고 나무로써 하지 않는다 하니 사실인가" 하는 왕의 물음에 신하 민공이 "사실입니다" 하고 대답한 기록이 있다. 이때 경주의 민가 호수가 무척 많았다고 하니 당시의 소나무 이용 정도를 추측할 수 있다. 밥을 짓는 데에는 소나무 숯이 가장 적격이고 보면 그 지방 소나무 숲은 질적으로 황폐를 거듭했을 것이다. 지금 경주 지방의 소나무 숲을 안강형이라 해서 불량 형질로 인정하고 있는데 그 이유가 신라

시대부터 계속되는 이용 간섭 때문이 아닌가 하는 생각이 든다.

소나무 이용은 동양 최초의 시집 『시경』에 몇 군데 나타나고 있다. 이 책은 3천 년 전부터 2천6백 년 전 사이의 노래 모음이라 하니 오래 전부터 소나무의 용도는 잘 인식되어 온 것으로 믿어진다. 소나무가 조선재로 이용되었음을 알 수 있는 "강물 유유히 흐르는데 소나무 배를 타고 향나무 노를 젓는다" 같은 시구도 보인다.

1788년 조선 정조 때 제정된 『송금사목』의 전문에는 "나라에는 나라를 다스리는 정책이 있고 그 가운데 하나가 소나무에 관한 것이다. 그 이유는 소나무로는 전투용 배를 만들고 또 세곡(稅穀)을 운반하는 선박을 만들기 때문이다"라는 대목이 있는 것으로 보아 소나무는 예로부터 조선재로 숭상된 것을 알 수 있다. 또 『시경』에는 "소나무 끊어 내어 톱으로 장만해서 아름드리 서까래로 침전(寢殿)을 지으니"라는 대목이 있다.

이처럼 소나무는 건축 재료로서 긴요한 것이었다. 예부터 우리는 소나무와 흙으로 집을 짓고 살아왔다. 소나무 판자로 마루를 깔았고 문짝을 만들어 달았다. 우리 주변 생활용품 역시 소나무 목재로 된 것이 대부분이다. 상자, 옷장, 뒤주, 찬장, 책장, 도마, 빨래방망이, 말, 되, 벼룻집 등의 가구재, 소반, 주걱, 절구, 절굿공이, 쟁기, 풍구, 가래, 멍에, 가마니틀, 물레, 벌통, 사다리 등의 농기구재 그리고 관재(棺材), 장구(葬具), 나막신재 등 그 용도가 다양했다.

우리 민족은 온돌을 사용해 왔고 더운 음식 먹기를 좋아했다. 온돌의 난방용으로는 소나무 장작이 가장 뛰어났다. 솔잎은 취사할 때 불힘을 조절할 수 있는 좋은 재료였다. 또한 『경국대전』에는 가을이 되면 중앙 관서에서 각 지방의 장정들을 징집해서 숯을 구워 바치도록 한 기록이 있는데 그 원료는 주로 소나무였다.

소나무의 꽃가루를 송황(松黃) 또는 송화(松花) 등으로 말하는데

기름을 추출하기 위한 소나무 뿌리 소나무의 뿌리목 부분(고주베기)에는 정유 성분이 많이 포함되어 있어서 소나무를 끊고 난 뒤 건류 장치를 통해 추출 이용하기도 했다. 경남 거창군 위천면.(1973. 8.)

밀과(密果)의 제조 원료가 되었는데 이것은 또 기(氣)를 도와 주는 약성을 가지고 있었다. 소나무 내피(內皮)를 송기(松肌)라 해서 흉년에는 구황식품으로 썼다. 솔잎을 송모(松毛)라 해서 송죽(松粥)을 만들어 먹기도 했다. 솔잎을 써서 송편을 만드는데 솔잎 내음이 폭 밴 송편은 우리 민족의 자랑스러운 식품이 되어 왔고 솔잎의 휘발 성분은 식품의 방부 효과가 시인되었고 건강에도 좋은 것으로 알려졌다.

솔잎으로 만든 송순주(松筍酒), 송엽주(松葉酒)가 있고 뿌리에 기생하는 송이버섯은 고급 식품으로 궁중 진상품에 들기도 했다. 소나무 줄기에서 얻는 송진은 그 용도가 다양하다. 소나무를 태운 그을음을 송매(松煤) 또는 송연(松煙)이라 하는데 좋은 먹을 만드는 재료가 되었다. 이것을 송연묵(松煙墨)이라 했다.

땅 속에 묻혀 있는 뿌리목 부분에는 정유 성분이 많이 포함되어 있어서 소나무를 끊고 난 뒤 이것을 건류 장치를 통해서 추출 이용하는 일이 있다.

수형목

좋은 어버이는 좋은 자손을 남긴다는 말은 생물학상의 원칙으로 되어 있다. 좋은 나무를 얻기 위해서 우리는 좋은 어미나무를 찾는다. 이러한 의미로서 먼저 외관상의 모습이 좋을 때 그 나무는 좋은 나무일 것이라고 믿는다. 이러한 믿음은 대체로 타당하다. 이러한 원칙이 있는 까닭에 우리는 어떤 생물을 개량해 나갈 수 있다. 다만 이때 어떠한 어버이가 좋은 어버이냐 하는 것이 문제가 된다.

곧은 줄기를 가지고 높이 쭉 뻗어 올라가는 소나무가 좋은 나무로 받아들여질 때 그러한 나무에서 종자를 얻어 묘목을 양성하면 곧은 줄기의 나무를 얻을 가능성이 높고 만일 줄기의 굴곡이 심한 나무에서 종자를 얻어 후대(後代)를 양성하면 대개 줄기는 굽게 된다.

좋은 소나무들이 모여서 집단을 이루고 있을 때 그 집단 안에 특히 뛰어난 나무가 간혹 발견된다. 물론 이러한 나무는 극히 드물게 나타난다. 이때 이러한 나무를 표현형(表現型)상으로 우수하다고 말하지만 그것이 유전적으로 좋은 원형(原型)이기에 그러한 것이라고는 잘라 말할 수 없다. 그 이유는 나무의 모양이 유전적 요소에 따라 달라지기도 하지만 환경에 따라 변화될 수 있기 때문이다. 겉으로 나타난 표현형은 유전적 소질과 환경에 의해 만들어진 것이다. 수형목의 겉 모습(表現型)이 형성되는 요인은 실험 분석을 통해 밝힐 수 있는데 이것을 차대검정(次代檢定)이라고 말한다.

우리는 뛰어난 모습의 소나무를 선정하여 수형목(秀型木, plus tree)이라 부르고 법규에 따라 그것을 보호하고 있으며 수형목에는 고유 번호를 붙이도록 되어 있다. 가령 강원도 삼척군 미로면 준경묘에서 선발된 소나무 수형목 강원 141호는 수고 28미터, 흉고 직경 71센티미터, 줄기 재적 약 5입방미터에 달해서 모든 수종을 망라하여 선발된 수형목 중 가장 큰 나무이다.

제2차 세계대전 이후 세계 각국은 많은 수종에 대한 수형목을 선발해서 번식 보존하고 그것을 자료로 해서 숲을 만드는 데 노력하고 있다.

강원도 삼척군 활기리 수형목 강원 151호(왼쪽)

소나무 수형목　세계 제2차 대전 이후 세계 각국에서는 환경에 적합한 숲을 보호하기 위해 노력하고 있으며 우리나라에서는 뛰어난 모습의 소나무를 선정하여 수형목이라 부르고 고유 번호를 붙여 법규에 따라 보호하고 있다. 법흥사 수형목.(옆면)

수형목의 증식은 종자에 의한 유성생식법을 통해서 또는 접목, 삽목, 조직 배양 기술을 통한 무성생식법으로 이루어진다. 어미나무의 소질을 그대로 이어받자면 무성생식법에 의한 것이 확실하다.

전국적으로 현재 4백여 그루의 소나무 수형목이 선발되고 있는데 강원도에서 그 수의 60퍼센트 이상이, 다음으로 약 30퍼센트 정도가 경상남, 북도에서 선발되고 있다. 많은 수형목의 자손들을 모아 설계에 따라 혼식(混植)해 둔 곳을 채종원(採種園)이라 한다. 채종원에서는 좋은 나무들 사이에 수분과 수정이 일어나 그 곳에서 얻은 종자로 숲을 만들면 개량 효과를 기대할 수 있다. 충남 안면도에는 큰 규모의 소나무 채종원이 조성되어 있다.

지금까지 소나무 수형목의 선발에 있어서 고려한 조건은 다음과

같다. 첫째 줄기가 곧고 지하고가 길 것. 따라서 줄기 아랫부분의 곁가지가 자연적으로 잘 떨어져 나가는 것이 바람직하다. 둘째 곁가지가 짧고 가늘 것. 따라서 수관이 좁고 빽빽하게 보이지 않는다. 셋째 자람이 빠르고 초살형(梢殺型)의 줄기가 아닐 것. 넷째 줄기가 갈라지지 않고, 다섯째 병충해의 피해가 없거나 그 정도가 약할 것.

이와 같은 조건은 주로 목재 이용의 관점에서 다룬 내용이다. 그러나 목재 생산 외에도 가령 풍경적 가치, 특수 성분의 이용, 특수한 재질, 내건조성, 내공해성, 내척박지성 등 고려하고 싶은 다른 특성이 있어서 기왕의 수형목 선발 요령에만 매달릴 수는 없다는 생각이 나타나고 있다. 동시에 몇 가지 조건을 만족시키는 선발 기준도 적용될 수 있다.

충남 안면도의 소나무 채종원 채종원은 많은 수형목의 자손들을 모아 설계에 따라 혼식(混植)해 둔 곳을 이르는데 이곳에서 얻은 종자로 숲을 만들면 개량 효과를 기대할 수 있다.

천연기념물 소나무와 소나무 숲

  한 국가 안에는 수백 년에서 천 년을 넘게 살아온 큰 나무들이 있고 사람의 간섭을 피해서 지내온 독특한 숲도 있다. 이들은 긴 시간 동안 인간들과 삶을 함께해 오면서 물질적으로 또 문화적으로 깊은 관련을 맺고 인류 역사의 한 부분을 이루면서 같은 배를 타고 흘러왔다.

  우리 민족은 하늘의 신들이 이땅 위로 내왕할 때의 첫 도착 지점을 산악이나 오래 된 나무로 보고 나무에 신성(神性)을 부여하면서 그에 의지해서 풍요로운 생존을 개척해 나가는 자연 숭앙의 군힘 같은 것이 있었다.

  서낭당 나무라든가 서낭당 숲 그리고 동신목 등은 한 지역 사회 주민의 정신적 공동체를 구성하는 핵이 되기도 해서 그 곳 역사를 줄기 속 나이테에 담아 놓은 생명체였던 것이다.

  이러한 내용은 지구상 민족간의 벽을 넘어서 공통적인 것이었으며 이들을 천연기념물이란 명칭 아래 묶어서 법으로 보호하게 되었다. 천연기념물로서의 노거목은 우리 민족의 자랑거리가 될 수 있는 문화재가 되었다.

나무와 숲 속에 들어 있는 귀중한 유전 자원이 수백 년에서 천 년 동안 그대로 보존되어 온 사실은 놀랄 만한 일이다.

생물 다양성 보존이 미래의 인류 생존을 위해서 매우 긴요하다는 것이 강조되고 있는 사실에 비추어 노거목의 진가를 다시 한 번 되씹어 보게 된다.

천연기념물 소나무

속리 정이품송
천연기념물 제103호, 1962년 지정.
소재지:충북 보은군 내속리면 상판리
수고 15미터, 줄기 흉고 주위 4.7미터
추정 수령 600년

우리나라 소나무의 대표격으로 잘 알려져 있다. 1464년 세조가 이 나무 아래를 지날 때 가지를 스스로 위로 쳐들어 그 행차를 도왔다고 해서 정이품이란 위계가 주어졌다. 가지가 고루 퍼져서 양산을 펴 든 것 같은 아름다운 수관을 가지고 있다. 그간 솔잎혹파리와 응애의 해를 받아 수세가 약해졌고 바람으로 아랫가지 하나가 꺾이어 수관형의 대칭에 흠이 왔다. 그래서 그 동안 여러 차례 외과 시술을 받은 바 있다.

1990년대 초 이 나무의 수관 아래 지나친 복토가 문제가 되어 수세가 크게 약해지자 약 30~50센티미터 깊이의 표토를 제거하여 그 뒤 수세가 회복된 바 있다. 소나무 뿌리는 공기를 좋아하는 까닭에 복토는 피해를 주기도 한다.

속리 정이품송 우리나라의 대표격인 소나무다. 1464년 세조가 이 나무 아래를 지날 때 가지를 스스로 위로 쳐들어 그 행차를 도왔다고 해서 정이품이란 위계가 주어졌다. 천연기념물 제103호.(1971. 8.)

속리 정이품송

(1986. 1.)

(1990. 7.)

(1993. 3.)

92 천연기념물 소나무와 소나무 숲

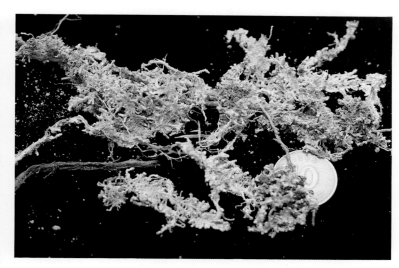

외과 수술을 받은 줄기(1988. 6. 옆면 왼쪽)

정이품송의 위용(가운데)

정이품송을 살려온 균근(1989. 5. 위)

운문사 처진소나무

천연기념물 제180호, 1966년 지정
소재지:경북 청도군 운문면 신원리
수고 6미터, 줄기의 흉고 주위 29미터
추정 수령 400년

운문사 경내에 있는 퍼진 수관의 직경이 20미터쯤 되는 가지가 아래로 처지는 소나무이다. 어느 대사가 꽂은 지팡이가 이 나무로 되었다는 전설이 있다. 해마다 12말의 막걸리를 주는 행사가 있다. 많은 지주로 곁가지가 지탱되고 있고 수세가 건강한 편이다.

합천 묘산면 소나무

천연기념물 제289호, 1982년 지정.
소재지:경남 합천군 묘산면 화양리
수고 18미터, 줄기 흉고 주위 5.5미터
추정 수령 400년

줄기가 하늘로 오르는 용처럼 굼틀거리고 있는 듯하다. 수관 폭이 25미터쯤 되는 거대한 몸집을 가지고 있다. 껍질이 거북 등처럼 갈라진다고 해서 이곳 사람들은 구룡목(龜龍木)으로 부르고 마을을 수호해 주는 당산목(堂山木)으로 소중하게 다루며 해마다 정월 대보름날에는 동제를 올린다. 이 소나무는 할머니 소나무로 말하고 마을 뒤쪽 높은 곳에 할아버지 소나무가 있었으나 지금은 죽고 없다. 이 소나무가 있는 화양리는 높은 산마루 가까운 곳에 있어 세속을 멀리하고 있다. 몸집의 크기와 용자의 당당함에 있어서 이 소나무는 우리나라 최고 명품으로 말할 수 있다.

운문사 처진소나무 많은 지주로 곁가지가 지탱되고 있고 수세가 건강한 편이다. 천연기념물 제180호.(맨 위)

합천 묘산면 소나무 몸집의 크기와 용자의 당당함에 있어서 이 소나무는 우리나라 최고 명품으로 말할 수 있다.(위)

괴산 청천면 소나무

천연기념물 제290호, 1982년 지정.
소재지:충북 괴산군 청천면 삼송리
수고 13미터, 줄기 흉고 주위 4.7미터
추정 수령 600년

삼송리 마을의 신목(神木)으로서 이미 고사한 2그루의 소나무와 함께 서 있었기에 이 마을이 삼송리라고 불리웠다. 이곳이 명당 자리라 하여 이 나무를 왕송으로도 말한다. 몸집이 장엄해서 외경을 느끼게 한다. 주변에서 함께 자라고 있는 18그루의 소나무는 왕소나무를 지켜 주는 졸병소나무로 불린다. 왕송은 지상 2미터쯤 되는 높이에서 줄기가 두 갈래로 갈라지고 갈라진 부분의 줄기 둘레는 각각 3.4미터, 3.7미터이다. 줄기의 모습이 용의 꿈틀거림 같다 해서 용송(龍松)으로도 말한다.

무주 설천면 반송

천연기념물 제291호, 1982년 지정.
소재지:전북 무주군 설천면 삼공리
수고 17미터, 줄기 흉고 둘레 5.3미터
추정 수령 300년

반송은 소나무의 변종으로 줄기가 지표면 부근에서 갈라지고 주간
(主幹)이 없다. 설천 반송은 우리나라에서는 가장 큰 반송으로 수관이
부채꼴로 되어 아름답다. 이 지방에선 구천송(九千松)으로 말한다.

무주 설천면 반송
(천연기념물 제291호)

문경 농암면 반송
천연기념물, 제292호, 1982년 지정.
소재지:경북 문경군 농암면 화산리
수고 24미터, 줄기 흉고 둘레 5미터
추정 수령 400년

이 나무는 설천면의 반송보다 7미터나 더 높다. 줄기가 여섯 갈래
로 갈라져서 육송(六松)으로도 말한다. 이 나무에 손을 대어 해를 주
면 벌을 받아 죽게 된다는 전설이 있다.

문경 농암면 반송
(천연기념물 제292호)

상주 화서면 반송(천연기념물 제293호)

상주 화서면의 반송

천연기념물 제293호, 1982년 지정.
소재지:경북 상주군 화서면 상현리
수고 17미터, 줄기 흉고 둘레 2.2미터, 3.3미터, 4.6미터.
추정 수령 400년

　수관이 넓게 퍼졌는데 지름이 약 25미터에 이른다. 줄기는 밑에서
세 갈래로 갈라졌다. 이 마을의 당산목으로 해마다 정월 대보름에는
동제를 올린다. 이 나무 줄기 안에는 이무기가 살고 있다 하여 사람
들이 접근을 꺼린다.

예천 감천면 석송령

천연기념물 제294호, 1982년 지정.
소재지:경북 예천군 감천면 천향리
수고 10미터, 줄기 흉고 둘레 1.9미터, 3.6미터
추정 수령 600년

수고는 그다지 높지 않으나 가지가 옆으로 길게 뻗어 남북 방향으로는 거리가 30미터에 이른다.
　이 마을에 살던 이수목(李秀睦)이란 사람이 이 나무에서 신령스러

운 느낌을 받아서 석송령(石松靈)이란 이름을 지어 주고 잘 보호하다
가 자기 땅 6,600평방미터를 이 나무 명의로 상속해서 등기해 주었다.
또 고 박정희 대통령은 석송령에게 당시 500만 원이란 큰 돈을 하사
한 바 있다. 그리하여 이 나무는 해마다 재산세, 방위세 등 세금을 납
부하고 있으며 학생을 골라 장학금을 수여하고 있다. 인격을 부여받
은 나무로 인간과 같은 자리에 서서 비슷한 기능을 발휘하면서 살아
가고 있다.

　지구상에서 이러한 성격을 가진 나무는 따로 없으니 우리 민족의
자랑거리라 할 수 있다.

예천 감천면 석송령(천연기념물 제294호)

청도 매전면 처진소나무
천연기념물 제295호, 1982년 지정.
소재지:경북 청도군 매전면 동산리
수고 14미터, 줄기 흉고 둘레 1.9미터
추정 수령 200년

처진소나무는 가지가 수양버들처럼 아래로 드리우는 소나무의 한 품종인데 매전면의 처진소나무는 가지의 처짐이 가장 전형적인 것으로 매우 희귀한 나무이다. 가지가 처지기에 유송(柳松)으로도 부르고 있다. 수관의 폭은 좁은 편이나 보기에 우아한 아름다움이 있다.

청도 매전면 처진소나무
(천연기념물 제295호)

영월 관음송(천연기념물
제349호)

영월 관음송

천연기념물 제349호, 1988년 지정.
소재지:강원도 영월군 남면 광천리
수고 30미터, 줄기 흉고 둘레 5미터
추정 수령 600년

영월 청령포(淸泠浦)는 단종이 유배된 곳인데 이 소나무는 바로 그
곳에 서 있다. 단종의 비참한 모습을 보았으며(觀) 그 말을 들었다
(吾) 해서 관음송이라 한다. 땅 위 1.2미터 되는 높이에서 줄기가 두
갈래로 갈라졌고 단종은 그 줄기 사이에 올라앉아 슬픈 시간을 보내
곤 했다고 한다.

명주 삼산리 소나무

천연기념물 제350호, 1988년 지정.
소재지:강원도 명주군 연곡면 삼산리
수고 2.1미터, 줄기 흉고 둘레 3.6미터
추정 수령 450년

명주군은 아름다운 소나무의 고향으로 알려져 있다. 웅대한 모습의
이 소나무는 줄기가 땅 위 3미터쯤 되는 곳에서 갈라졌다. 서낭당 나
무로 신성시되어 보호를 받아 왔다.

설악동 소나무

천연기념물 제351호, 1988년 지정.
소재지:강원도 속초시 설악동
수고 10미터, 줄기 흉고 둘레 4미터
추정 수령 500년

설악동으로 들어가는 입구 네거리 길가에 서 있고 수관이 넓게 퍼져 있다. 땅 위 2.5미터 되는 높이에서 줄기가 갈라져 있다. 서낭당 나무이고 주변에 돌이 많이 쌓여 있는데 돌을 쌓으면 오래 살 수 있다는 토속 신앙이 있기 때문이다.

설악동 소나무(천연기념물 제351호)

속리 서원리 소나무

천연기념물 제352호, 1988년 지정.
소재지:충북 보은군 외속리면 서원리
수고 15미터, 줄기 흉고 둘레 4.7미터
추정 수령 600년

외속리면에는 이른바 정이품송이 있는데 정이품송은 외줄기이므로 수나무이고 이 나무는 줄기가 지상 70센티미터 되는 곳에서 크게 갈라져 암나무로 말하고 있다. 두 나무는 부부소나무라고 한다.

고창 삼인리 장사송

천연기념물 제354호, 1988년 지정.
소재지:전북 고창군 아산면 삼인리
수고 23미터, 줄기 흉고 둘레 3미터
추정 수령 600년

줄기가 여러 갈래로 갈라져 있고 수형이 아름답다. 이 소나무는 소
나무의 한 품종인 반송으로 취급되고 있다. 선운사에서 도솔암으로
가는 길가에 서 있는데 그 곳 주민들이 장사송이라 이름지었다. 1986
년 '장사송(長沙松)'으로 음각한 비를 이 나무 옆에 세웠다. 선운사에
서 한참 걸어 올라가야 하는 거리에 있다.

고창 삼인리 장사송
(천연기념물 제354호)

선산 독동 반송(천연기념물 제357호)

선산 독동 반송
천연기념물 제357호, 1988년 지정.
소재지:경북 선산군 독동리
수고 13미터, 줄기 흉고 둘레 2.4미터(남), 2.6미터(북)
추정 수령 400년

우아한 수형을 가지며 우람하게 보인다. 줄기는 땅 위 40센티미터쯤 되는 곳에서 남북 두 갈래로 갈라졌는데 위로 올라가면서 다시 여러 갈래로 갈라져 있다. 농로가에 서 있는 보기 드문 큰 반송이다.

함양 목현리 구송

천연기념물 제358호, 1988년 지정.
소재지 : 경남 함양군 휴천면 목현리
수고 12미터, 줄기 흉고 둘레 4.5미터
추정 수령 270년

이 소나무는 줄기가 아래에서 아홉 갈래로 갈라졌다 해서 구송(九松)으로도 불리며 반송으로 취급되고 있다. 수관이 고루 사방으로 퍼져서 아름답게 보인다. 나무가 서 있는 곳은 구송대라고 한다.

함양 목현리 구송(천연기념물 제358호)

의령 성황리 소나무
천연기념물 제359호, 1988년 지정.
소재지:경남 의령군 정곡면 성황리
수고 11미터, 줄기 흉고 둘레 4.7미터.
추정 수령 300년

땅 위 1.7미터 되는 높이에서 줄기가 네 갈래로 갈라지고 장엄한 기품의 수관을 형성하고 있다. 이 나무 북쪽에 한 그루의 소나무가 자라고 있는데 그들 가지가 서로 닿으면 우리나라 광복이 온다는 말이 있었고 그것은 광복과 함께 사실로 나타났다고 한다. 많은 곁뿌리가 아름답게 땅 위로 노출되어 있다.

의령 성황리 소나무
(천연기념물 제359호)

이천 백사면 반룡송(1994. 9. 30. 위, 옆면)

이천 백사면 반룡송

경기도 이천군 백사면 도립리 밭 가운데 서있는 이 반룡송은 만룡송(萬龍松)으로도 말하는데 수고 약 3.7미터, 줄기 흉고 둘레 1.8미터에 이른다. 땅 위 1.3미터 되는 높이에서 줄기는 몹시 꼬이고 주간이 없고 곁가지가 꼬이면서 퍼져 넓은 수관을 발달시키고 있다. 30여 개의 기둥으로 수관을 떠받치고 있는데 그러한 지주가 없었더라면 가지는 땅에 닿았을 것이다.

신라 말 도선(道詵)이 명당을 찾아 이곳에 심었다는 전설이 있다. 줄기의 꼬임이 기이하고 줄기 아래에 제단석(祭壇石)으로 보이는 평평한 큰 돌이 놓여 있다.

소나무 숲

지난날에는 큰 소나무들이 우리나라의 산을 더 울창하게 덮고 있었을 것이나 건축, 가구재, 기구재, 땔감 등 그 용도가 다양하고 수요가 많아 대부분의 솔숲이 벌채 이용되고 지금 남아 있는 송림은 그 형질이 뒤떨어진 것이라고 보아야 한다. 좁은 면적이기는 하지만 지난날의 면모를 갖춘 소나무들이 지금도 곳곳에 남아 있다.

설악산 수렴동 계곡
백담 계곡에서 수렴동 계곡으로 이어지는 지대를 오르면 대청봉에

설악산 수렴동 계곡의 소나무 숲과 폭목형 소나무 (1994. 7. 왼쪽, 옆면)

이른다. 수렴동 계곡에는 아름다운 소나무들이 많았을 것이나 지금은 그 수가 크게 줄어들었다. 좋은 소나무는 줄기가 곧고 수피가 얇고 붉으며 곁가지가 가늘고 짧다. 목재 이용상으로 본다면 매우 바람직한 형질을 갖추고 있는 셈이다. 그러나 주변에 경쟁목이 없고 홀로 자란 소나무는 곁가지가 길고 굵으며 지하고가 짧다. 흔히 이러한 나무를 폭목(暴木, wolf tree)이라고도 하는데 넓은 공간을 차지해서 생산 효율을 감소시킨다.

강원 양양

강원도 양양군 일대는 태백산맥이 내리뻗고 눈이 많이 쌓이는 곳으로 소나무 줄기가 곧고 각종 형질이 뛰어나다. 곁가지가 가늘어 수관 폭이 좁고 수간이 완만한 모양을 갖춘 이러한 곳에서도 소나무가 단목으로 자랄 때에는 굵은 곁가지를 만든다. 따라서 소나무는 어릴 때 빽빽하게 들어서서 서로 경쟁을 하여 곁가지의 발달이 억제되는 것이 바람직스럽다. 이곳 소나무는 금강형에 포함될 수 있다. 사진에 보이는 소나무 숲은 양양군 현남면 상월천리에 있는 것으로 이곳은 강릉 영림서가 관할하는 야생동물 연구장이 있고 주문진에서 버스를 타고 가면 된다.

강원도 양양군 관내의 소나무 숲과 폭목형 소나무(1994. 6. 왼쪽, 옆면)

강원 인제군 관내

　강원도 인제군, 양양군, 평창군, 명주군, 정선군, 영월군, 삼척군은 모두 소나무의 미림을 가지고 있는 곳으로 유명하다. 말하자면 금강형 소나무의 고향이라고 할 수 있다.

　이곳에 보이는 소나무 숲은 우량 종자를 채집하기 위해서 지정한 채종림으로 강릉 영림서 인제 관리소에서 관할하고 있다. 건강한 수세, 곧은 줄기, 가는 가지, 빠른 자람 등 좋은 특성을 지니고 있다.

　이처럼 채종림은 유전적 소질이 불량한 종자가 조림용으로 쓰이는 것을 막고 나무의 소질 향상을 목적으로 하는 것으로 우량 집단 선발에 해당한다. 채종림으로 선발되는 소나무 숲은 줄기가 곧고 가지

가 가늘고 지하고가 높고 수관이 좁은 소위 플러스 형질의 나무가 대부분을 점유하고 마이너스 나무는 거의 없다. 또 마이너스 나무를 솎아 내도 임분 밀도가 상당히 높아야 하고 동시에 나무가 건강해야 한다.

불량 화분을 막기 위해서 채종림 주변부터 적어도 300미터 이내에 있는 불량목은 제거한다. 그러나 키가 큰 채종림에 올라가서 솔방울을 채집한다는 것은 어려운 문제이다.

수형목의 차대(次代)로 만든 채종원의 종자가 공급되면 채종림의 종자 공급 기능은 줄어들 것이나 우량 유전자군을 보존한다는 뜻에서 이러한 소나무 숲을 잘 보호해야 한다.

강원도 인제군 관내 소나무 숲(1992. 5.)

법흥사

법흥사는 영월군 수주면 법흥리에 있는 사찰인데 주변에 아름다운 소나무 숲이 있다. 필자가 답사한 우리나라의 소나무 숲 가운데 가장 훌륭한 것으로 판단된다. 그것은 수고가 높고 지하고 또한 대단히 길고 붉은 수피는 얇고 수관은 좁다. 가지가 가늘고 짧은 것은 이곳 눈(雪)에 대한 적응 형질이라고 믿어진다. 잘 발달된 소나무 숲이 절로 탄성을 내지르게 하는 곳이다. 이 숲에서는 수형목도 선발되고 있다. 이러한 숲의 유전 자원은 길이 잘 보존될 필요가 있다.

강원도 영월군 법흥사 소나무 숲(1988. 6.)

봉화 청옥산

봉화군 석포면에 있는 청옥산 일대에는 좋은 소나무 숲이 발달해 있다. 이 일대 소나무는 소위 춘양목이라 해서 일찍부터 명성을 떨쳤다. 사진에 보이는 소나무는 이 지역 소나무의 전형적인 것은 못 된다. 줄기가 곧고 분지각(分枝角)이 수평에 가까워 설압(雪壓)에 대한 저항력은 있겠으나 가지가 지나치게 길다. 이것은 이 나무가 넉넉한 공간에서 자랐기 때문이다. 밀림 상태였더라면 수형은 달라졌을 것이다. 사람의 밀도 조절에 따라 이러한 나무 형태는 조절할 수 있다.

경북 봉화군 청옥산의 소나무 (1994. 7.)

삼척 준경묘 주변

준경묘는 삼척군 미로면 활기리에 있다. 이 묘는 조선 태조의 5대조인 목조의 부(父) 양무의 묘인데 이 일대에는 소나무 미림이 있고 몇 그루의 소나무 수형목이 선발되고 있다. 소나무 형질이 뛰어나고 보존 상태가 좋은 것은 묘와 함께 관리되었기 때문이라고 본다. 줄기가 곧고 지하고가 길고 수관이 좁다. 자랑할 만한 소나무 숲의 하나이다.

강원도 삼척군 준경묘 주변의 소나무 숲(1994. 3.)

강원도 삼척군 준경묘 주변의 수형목(강원 159호, 1994. 3.)

평창 하안미리

평창군 대화면 하안미리는 평창읍 북쪽에 있고 동쪽으로 가리왕산
이 있다. 이곳에도 좋은 소나무 숲이 발달해 있다. 큰 나무 아래에서
어린 나무가 자라서 천연갱신(天然更新)이 잘 이루어지고 있다. 땅이
노출되어 햇볕을 받게 되고 이에 많은 종자가 떨어지면 발아가 되어
갱신이 이루어진다. 지면의 노출은 사람에 의한 벌채, 개간, 화전, 산
불, 폭풍에 의한 나무의 넘어짐 등을 생각할 수 있다.

봉화 춘양 소로

질이 뛰어난 소나무를 춘양목이라 일컬을 정도로 춘양 일대는 유
명한 소나무 산지다. 그간 좋은 나무는 많이 선별되어 벌채되었다.
오랜 세월이 지나도 아름다운 광택을 더해 가는 것이 춘양목의 특성
이다.

강원도 평창군 하안미리(1994. 7.)

경북 춘양면 소로리 숲 (1987. 10.)

불영사 계곡

불영사 계곡은 울진군 근남면 행곡리에서 서면 하원리 불영사에 이르는 지역이며 북쪽의 아구산과 세력산, 남쪽의 천축산과 통고산 사이를 흐르는 광천을 따라서 발달한 계곡이다. 이곳에는 소나무와 굴참나무가 많다. 소나무는 모두 줄기가 곧고 형질이 좋다. 불영사 주변의 소나무도 아름다운데 그 사이사이에 큰 굴참나무가 섞여서 함께 자라고 있다. 이 계곡은 명승지로 지정하여 보호하고 있다. 춘양목이라든가 좋은 소나무는 수피가 거북 등처럼 갈라진다는 말이 전해지고 있다. 이곳에 그러한 소나무가 자라고 있다.

거북 등처럼 갈라진 소나무 수피
경북 울진군 불영사.(1988. 4.)

경북 울진군 불영사 계곡 숲(1987. 10.)

경주 주변
　경주는 신라 때의 수도이고 당시 많은 사람들이 그 곳에 살면서 근처의 소나무를 건축재, 가구재, 땔감으로 크게 소비한 탓으로 좋은 형질의 나무는 사라지고 좋지 못한 나무들이 남아 그 영향이 오늘날에까지 이른 것으로 생각된다. 생태형에서 안강형은 불량형으로 알려지

고 있는데 경주 지방의 소나무는 안강형에 포함되는 것으로 본다. 한편 경주, 안강 일대의 산지가 척박하고 건조가 심해서 이곳 소나무 수형을 나쁘게 만들었을 것이라는 풀이도 있다. 척박한 산지는 지질에도 관계되겠지만 사람의 영향으로 만들어진 것이 아닌가 한다. 근래 굽은 소나무는 조경적 가치를 인정받고 있다.

경주 주변의 굽은 소나무 숲(1981. 2.)

해인사 주변

해인사 주변의 소나무 숲은 비교적 잘 보호되고 있는데 줄기 형태에 변이가 심한 것으로 보인다. 줄기가 곧고 수피가 붉고 얇으며 긴 지하고의 소나무가 있는가 하면 줄기 굴곡이 심한 개체도 보인다. 이 일대의 소나무에는 송진을 채취한 흔적이 많은데 사찰 경관림에 대해서 이러한 일을 한 것은 잘못이다. 채취 부위가 약해져서 나무 줄기가 그 쪽으로 비스듬히 경사진 것이 많은데 자칫 바람의 해를 받아 넘어질 가능성도 있다.

안면도

안면도는 조선조 이전부터 소나무 숲으로 이름난 곳이다. 『정조실록』에 "안면도의 소나무 숲은 선재봉산(船材封山)으로 지정된 곳이나 사람들이 몰래 산에 들어가 소나무를 끊고 개간을 하는 폐단이 많아 아름드리 소나무가 없어지고 있다"는 기록이 있다.

또 약 200년 전에 안면도는 소금 생산지로 유명했는데 소금을 만드는 데에는 바닷물을 끓이기 위한 땔감으로 많은 소나무 장작이 소요되었다. 그래서 소나무의 남벌이 자행되기도 했다.

한때는 안면도 안에 살고 있는 사람들을 모조리 섬 밖으로 내보낸 적도 있다 하나 그래도 소나무의 보호에 철저를 기할 수는 없었던 것 같다. 오히려 사람들의 침해를 받아서 오늘날까지 소나무 숲이 이어져 온 것이라는 추측이 있는데 그 이유는 소나무가 극상 수종이 아니고 간섭을 어느 정도 바라는 생태적 특성을 지닌 데서 찾을 수 있다.

안면도의 소나무는 노숙하게 되면 수관이 얇은 평정형(平頂型)으로 되고 결실량이 줄어든다. 따라서 어떻게 해서 천연갱신을 가능하게 하느냐 하는 문제가 남아 있다.

해인사 주변 숲(1994. 7.)

송진 채취 흔적 해인사 농산정 주변.(1994. 7.)

안면도 소나무 숲(1994. 9.)

제주도

제주시에서 제2횡단도로를 지나 서귀포로 향하는 도중에 만나는 영실 입구에는 한라산으로 오르는 관문이 하나 있다. 해발 900미터를 좀 넘는 높은 곳으로 이곳에 소나무 숲이 발달하고 있다. 줄기가 비교적 곧고 수피가 붉으나 굵은 곁가지가 발달하고 있다. 하지만 줄기가 굵고 오래 된 나무들이 서 있다. 등산로 입구이기 때문에 많은 사람들의 관심을 모으는데 이곳에 소나무의 집단이 남아 있다는 것이 신기하게 여겨진다.

또 돈내코 계곡을 따라 오르면 줄기가 곧고 굵은 소나무 밀림을 볼 수 있는데 해발 900미터쯤으로 짐작된다. 숲의 형질이 본토의 소나무 숲에서도 보기 어려울 정도로 뛰어난 것이 놀랍다. 이곳에 우량 소나무 집단이 형성된 배경은 좋은 연구 자료가 될 수 있다.

울릉도

울릉도의 소나무를 말하는 데에는 역사를 살펴보는 것이 도움이 된다. 신라 22대 지증왕(서기 512년) 때 우산인(于山人)이라 불리운 이 섬 주민을 정복했다는 기록이 『삼국사기』 권4 「신라본기」에 보이므로 그때까지 이 섬은 독립국 행세를 했다고 보여진다. 고려 때에는 사람이 살 수 없는 곳이라 해서 무인도 상태에 있었고 조선조 태조 때(14세기 말)에는 섬 사람들을 몰아내고 무인도 정책을 썼으며 세종 20년(1438)에는 군사를 보내 정복하고 역시 무인도 정책을 썼는데 그 이후 약 200년 동안 그러한 정책이 계속된 것으로 추측된다.

19세기 말 일본인들이 이 섬에 들어와서 무단히 많은 나무를 끊어 갔다. 이처럼 울릉도의 숲은 불과 100년 전만 하더라도 그 원시 상태가 유지되었는데 그 뒤 러시아, 일본 사람들이 도벌을 해서 느티나무, 섬잣나무, 향나무, 섬피나무 등 큰 나무를 잘라 갔다.

제주도 영실 입구 소나무 숲(1986. 10.)

제주도 탐라 계곡 소나무 숲(1985. 9.)

울릉도 안평전 형제봉 정상에 서 있는 소나무(1995. 6.)

이 섬은 남쪽에서 올라오는 난류의 영향을 받아 기후가 온화하고 연평균 기온이 12～13도이며 강우량은 연간 1,500밀리미터에 이른다. 이처럼 울릉도는 온난 습윤한 기후를 가져 참가시나무, 굴거리나무, 동백나무, 후박나무, 식나무, 만병초, 감탕나무, 사철나무 등 상록활엽 수종이 많다.

우에끼 교수 등은 옥천동(玉泉洞) 부근 바위 위에 소나무가 있음을 기록했고 이 섬에 식재된 수종으로 해송, 삼나무, 양버들, 상수리나무, 감나무, 옻나무, 아카시아 등을 들고 있다.

이덕봉 교수 등은 울릉도 유일의 소나무 자생지라 해서 옥천동 형제암의 소나무 사진을 게재한 바 있다(1958). 현재 자생한 것으로 보이는 소나무는 극히 적다. 형제암은 안평전에 이르면 보인다. 해발 약 350미터 높이에 두 개의 험준한 봉우리로 되어 있다. 더 높은 봉우리를 형님 봉우리로 본다면 큰 소나무 한 그루는 동생 봉우리 위에 서 있다. 물론 두 봉우리에 모두 소나무가 있기는 하나 봉우리 정상의 면적이 좁아서 두 그루 이상의 소나무는 수용할 수 없을 정도이다.

1972년에 필자가 조사한 결과 큰 소나무는 높이 6미터, 흉고 직경 약 25센티미터, 수간 상반부의 수피는 적갈색이었다. 아랫부분 큰 곁가지 하나는 이곳 사람들의 신경통 찜질에 사용되는 용도로 톱으로 절단되고 있었다. 굵은 뿌리가 노출되고 이러한 뿌리가 봉우리의 크고 작은 암설(岩屑)을 감싸고 있었는데 흙은 거의 없었다. 지형은 무척 건조한 조건을 이루고 있었다.

생각컨대 울릉도가 화산 활동으로 섬을 형성하고 식생을 가지기 시작했을 때에는 섬 전체에 많은 소나무가 더 넓은 면적에 분포해 있었을 것으로 짐작된다. 이 섬이 무인도 상태로 오래 지속되면서 쓸모 있는 소나무의 벌채는 이루어지지 못하고 식생의 천이가 자연에 맡겨져 상록활엽수종과 비교적 음성을 띤 섬잣나무, 솔송나무 등이 세력을 얻어 소나무를 밀어낸 것으로 짐작된다. 울릉도의 원래 소나무는 지금 형제봉에 남아 여명을 유지하고 있는 것으로 귀중한 유전자원이라고 믿어진다. 울릉도 다른 곳에 더러 굵은 소나무가 산재해 있는데 그것은 사람이 심은 것이 아닌가 생각된다. 이 섬에는 원래 해송이 없었고 현재의 것은 모조리 식재에 의한 것이다.

필자의 조사에 의하면 형제봉의 소나무 침엽은 모조리 외위(外位)의 부수지도를 가지고 있었고 침엽당 평균 수는 3.7로서 많은 편이 못 되었다. 따라서 이곳 소나무는 과거 해송의 영향을 받은 바 없다고 단정할 수 있다. 울릉도의 소나무는 잘 보존되어야 한다.

전북 장수군 반송(1986. 9.)

벌목 의식

큰 나무에 영성(靈性)을 주어서 인간과 화합하고 자연을 존숭하는 정신 문화는 나무 끊기와 관련해서 여러 가지 설화를 낳고 있다. 나무 줄기에 톱을 대는 순간 벽력이 울렸다든가 도끼를 대자 그 자리에서 피가 흘러나왔다든가 나뭇가지를 끊었더니 병을 얻었다는 이야기들이다. 이러한 믿음은 지금도 그대로 남아 있다.

벌목 작업이 시작될 때 벌목부들은 나무에 백지와 북어를 달아 매고 술을 올려 제를 지내면서 죽음을 앞둔 나무들을 위로하고 미안한 마음을 표시하기도 한다. 이러한 의식을 행하여야 마음 놓고 일에 착수할 수 있기 때문이다.

나무 안에 어떤 정신적 존재가 있고 그것이 인간이 올리는 제주와 제찬에 감응한다는 것을 믿은 우리 민족은 스스로가 자연의 한 구성 요소임을 인식한 것이다. 우리나라나 일본 등에서는 이처럼 나무 한 그루를 끊을 때에도 그 나무의 용서를 바랐던 것인데 이런 점은 불교의 생명 존중 사상에서 기인한 듯하다. 근래 이유 없이 노거목이 끊어져 나가는 일이 흔한데 나무의 생명마저도 존중하는 윤리의 벌판에 우리를 내세울 의무 같은 것을 느낀다.

벌목제 예로부터 큰 나무에는 영성이 있다고 믿고 벌목부들은 벌목 작업을 시작할 때 나무에 백지와 북어를 달아매고 제수를 차려 놓은 후 제를 올려 죽음을 앞둔 나무를 위로했다.(1994. 12.)

참고 문헌

『山林經濟』『經國大典』『本草綱目』『三國史記』『三國遺事』『續大典』
『大典會通』『東國輿地勝覽』『大東地志』『萬機要覽』『詩經』『養花小錄』
『牧民心書』『林園經濟志』『物名考』『和漢三才圖會』

이경재, 오구균, 임경빈, 「솔잎혹파리 피해 적송림의 생태학적 연구(Ⅲ)」 「청송
　　　군 소나무 군집의 7년간의 식생변화 분석」, 『한국임학회지』 77(3),
　　　1988, 315～321쪽.
이외희, 「조선시대의 주요 조경식물의 상징성에 관한 연구」, 서울대 석논, 1986.
임경빈, 『삼림』, 회갑기념논문집간행회, 1985./『조림학 본론』, 향문사, 1991.
　　　　, 『조림학 원론』, 향문사, 1983./『우리 숲의 문화』, 광림공사, 1993.
　　　　, 『천연기념물(식물편)』, 대원사, 1993./『임학개론』, 향문사, 1970.
정태현, 『조림 주요 수종의 분포급적지』, 대한임업회, 1949.
조재창, 「울진군 소광리 지역 소나무의 임분 구조 및 생장 양상과 산불과의
　　　관계」, 서울대 대학원 박논, 1994.
이광래, 「全北地方 雙維管束亞屬 松類의 遺傳變異의 硏究」, 원광대 석논, 1986.
이우환, 『이조의 민화』, 열화당, 1982.
이만우, 「이조시대의 임지제도에 관한 연구」, 한국임학회지 22호, 1974, 1～30쪽.
안휘준, 「조선전반기의 회화」 『동양의 명화』, 삼성출판사, 1986, 182쪽.
한국정신문화연구원, 「소나무」 『한국민족문화대백과사전』 제12권, 1990,
　　　656～665쪽.
차윤정, 『삼림욕』, 동학사, 1995.
임업시험장, 「조선임수」, 393 도면, 108매, 1938.
최정호, 『산과 한국인의 삶』, 나남, 1993.
산림청 임목육종연구소, 『수형목』, 1989.

大昌誠, 「松屬種分化と地理分布硏究－亞節位置究明」, 京都大學農學部演習林報
　　　告 65號, 36～49.
石川統, 『生物學』, 裳華房, 1993.
中野秀章 外 2人, 『森と水のサイエンス』, 日本林業技術協會, 1989.
德光宣之, 『朝鮮治水治山史考』, 林業試驗場特報, 1935.

植木秀幹,「朝鮮産赤松, 樹相及ヒ是カ改良ニ關スル造林上 處理ニ就イテ」, 水原 高農學術報告 第3號, 1928.

植木秀幹,「朝鮮の林木」, 林業試驗場報告, 第4號, 1926.

佐藤敬二,『日本のマツ(1)(3)』, 全國林業改良普及協會, 1962.

瀬戸昌之,『生態系』, 有裴閣, 1992.

林彌榮,『有用樹木圖說』, 誠文堂新光社, 1969.

柴田勝,「間黑松分類(第1, 2報)」『テクニカルノート』No. 47, No. 53, 王子製紙, 林木育種研究所, 1966.

日本林學會,『赤松林施業法研究論文集』, 日本林業試驗場, 1943.

北村四郎, 村田源,『原色日本植物圖鑑(Ⅱ)』, 保育社, 1979.

只木良也,『森の生態』, 共立出版, 1977.

四于井綱英,『赤松林の造成』, 地球出版, 1963.

苅住昇,『樹木根系圖說』, 誠文堂新光社, 1979, 1108쪽.

Bailey, L. H. & Bailey, E. Z., *Hortus Third*, Macmillan Pub. Co., New York, 1976.

Critchifield, D.B. & Little, E.L.Jr., *Geographic distribution of pines of the world*, U.S. Dept. Agr. For. Serv., 1966, p.97

Fernald, M. L., *Gray's manual of Botany*, American Book Co., 1950.

Kondo, T., et al., *Isolation of Chloroplast DNA from Pinus*, plant cell physio. 27(4), 1986, pp.741~744.

Krussmann, G., *Manual of Cultivated conifers*, Timber Press, 1985.

Little, E.L.Jr. & Critchiflied, D.B., *Subdivisions of the Genus Pinus(Pines)*, U.S. Dept. Agr. For. Serv., 1967, p.51

Mirov, N. T., *The Genus Pinus*, The Ronald Press Co., New York, 1967, p.575.

Prager, E. M., et al., *Rates of evolution in pinaceae*, Evolution 30, 1976, pp.637~649.

Rehder, A., *Manual of Cultivated Trees and Shrubs*, Macmillan Co., 1956.

빛깔있는 책들 301-21

소나무

글, 사진	―임경빈
발행인	―장세우
발행처	―주식회사 대원사
편집	―최명지, 김수영
미술	―손승현
기획	―조은정
전산사식	―이규헌, 육양희
총무	―정만성, 정광진, 우복희
영업	―이상갑, 조용균, 강성철, 박은식, 홍의식, 이수일
이사	―이명훈
첫판 1쇄	―1995년 9월 30일 발행
첫판 5쇄	―2003년 12월 31일 발행

주식회사 대원사
우편번호/140-901
서울 용산구 후암동 358-17
전화번호/(02) 757-6717~9
팩시밀리/(02) 775-8043
등록번호/제 3-191호
http://www.daewonsa.co.kr

 값 13,000원

Daewonsa Publishing Co., Ltd.
Printed in Korea(1995)

ISBN 89-369-0175-3 00480

빛깔있는 책들

민속(분류번호 : 101)

1 짚문화	2 유기	3 소반	4 민속놀이(개정판)	5 전통 매듭
6 전통 자수	7 복식	8 팔도 굿	9 제주 성읍 마을	10 조상 제례
11 한국의 배	12 한국의 춤	13 전통 부채	14 우리 옛악기	15 솟대
16 전통 상례	17 농기구	18 옛다리	19 장승과 벅수	106 옹기
111 풀문화	112 한국의 무속	120 탈춤	121 동신당	129 안동 하회 마을
140 풍수지리	149 탈	158 서낭당	159 전통 목가구	165 전통 문양
169 옛안경과 안경집	187 종이 공예 문화	195 한국의 부엌	201 전통 옷감	209 한국의 화폐
210 한국의 풍어제				

고미술(분류번호 : 102)

20 한옥의 조형	21 꽃담	22 문방사우	23 고인쇄	24 수원 화성
25 한국의 정자	26 벼루	27 조선 기와	28 안압지	29 한국의 옛 조경
30 전각	31 분청사기	32 창덕궁	33 장석과 자물쇠	34 종묘와 사직
35 비원	36 옛책	37 고분	38 서양 고지도와 한국	39 단청
102 창경궁	103 한국의 누	104 조선 백자	107 한국의 궁궐	108 덕수궁
109 한국의 성곽	113 한국의 서원	116 토우	122 옛기와	125 고분 유물
136 석등	147 민화	152 북한산성	164 풍속화(하나)	167 궁중 유물(하나)
168 궁중 유물(둘)	176 전통 과학 건축	177 풍속화(둘)	198 옛 궁궐 그림	200 고려 청자
216 산신도	219 경복궁	222 서원 건축	225 한국의 암각화	226 우리 옛 도자기
227 옛 전돌	229 우리 옛 질그릇	232 소쇄원	235 한국의 향교	239 청동기 문화
243 한국의 황제	245 한국의 읍성	248 전통장신구	250 전통 남자 장신구	

불교 문화(분류번호 : 103)

40 불상	41 사원 건축	42 범종	43 석불	44 옛절터
45 경주 남산(하나)	46 경주 남산(둘)	47 석탑	48 사리구	49 요사채
50 불화	51 괘불	52 신장상	53 보살상	54 사경
55 불교 목공예	56 부도	57 불화 그리기	58 고승 진영	59 미륵불
101 마애불	110 통도사	117 영산재	119 지옥도	123 산사의 하루
124 반가사유상	127 불국사	132 금동불	135 만다라	145 해인사
150 송광사	154 범어사	155 대흥사	156 법주사	157 운주사
171 부석사	178 철불	180 불교 의식구	220 전탑	221 마곡사
230 갑사와 동학사	236 선암사	237 금산사	240 수덕사	241 화엄사
244 다비와 사리	249 선운사			

음식 일반(분류번호 : 201)

60 전통 음식	61 팔도 음식	62 떡과 과자	63 겨울 음식	64 봄가을 음식
65 여름 음식	66 명절 음식	166 궁중음식과 서울음식		207 통과 의례 음식
214 제주도 음식	215 김치	253 장醬		